人工智能

简史

陈积芳 主编
施鹤群 编著

U0195840

上海科学技术文献出版社
Shanghai Scientific and Technological Literature Press

图书在版编目（CIP）数据

人工智能简史 / 施鹤群编著 . —上海：上海科学技术文献
出版社，2020（2022.1 重印）
　（领先科技丛书）
　ISBN 978-7-5439-7998-7

Ⅰ . ①人… Ⅱ . ①施… Ⅲ . ①人工智能—普及读
物　Ⅳ . ① TP18-49

中国版本图书馆 CIP 数据核字 (2020) 第 020209 号

策划编辑：张　树
责任编辑：王　珺　黄婉清
封面设计：留白文化

人工智能简史
RENGONG-ZHINENG JIANSHI
陈积芳　主编　施鹤群　编著
出版发行　上海科学技术文献出版社
地　　址　上海市长乐路 746 号
邮政编码　200040
经　　销　全国新华书店
印　　刷　常熟市文化印刷有限公司
开　　本　720×1000　1/16
印　　张　14.25
字　　数　218 000
版　　次　2020 年 6 月第 1 版　2022 年 1 月第 2 次印刷
书　　号　ISBN 978-7-5439-7998-7
定　　价　48.00 元
http://www.sstlp.com

前言

一

　　一辆造型简洁的新能源汽车在通向城市商务区的高架桥上高速行驶。这是一辆全自动智能汽车。年轻的新能源集团总裁小李坐在可以自动调节的舒适驾驶椅上，让自动驾驶仪按照车联网发布的路况信息自动驾驶。李总目不转睛地注视着驾驶台前的小屏幕，浏览着智能财经台根据自己要求而筛选的财经要闻。

　　李总的公司研发太阳能电池，屏幕上全是跟太阳能电池有关的财经新闻：从一架太阳能飞机试飞成功到一家太阳能电池生产商的倒闭，从一个太空太阳能电站运营到一艘太阳能风帆船试航，等等。

　　不到半小时，全自动的智能汽车已经到达李总公司门口。驾驶室车门打开了，李总跨出车门，拿出智能手机，手指点到触摸屏上的一个位置，智能汽车自行开到了商务楼的智能车库里。

　　李总径自走进智能商务楼，来到自己的办公室门前。他又拿出智能手机，手指触到触摸屏上的另一个位置，办公室门自动开启。机器人助理笑着迎接年轻老总的到来。办公室已打扫得干干净净，办公桌整理得井井有条。虽然天气炎热，但室内温度适宜，光线柔和、明亮，便携式电脑已经打开。各个部门经理并不在公司办公，他们在项目现场或在家里办公，但他们提交的情况汇报和请示报告，通过互联网已在李总的便携式电脑桌面上显示出来，由李总阅读和处理。李总的一个工作日，就这样开始了！

　　这不是科幻小说中虚构的画面，这是现代科学技术可以实现的真实场景，是人工智能时代人们生活的一个剪影。

1980 年，美国未来学家阿尔文·托夫勒在他所著的《第三次浪潮》一书中预见的未来：跨国企业盛行、电脑发明使 SOHO（在家工作）成为可能、人们将摆脱"朝九晚五"工作的桎梏、核心家庭的瓦解、DIY（自己动手做）的兴起。托夫勒认为，人类文明社会经历了两次浪潮：第一次浪潮出现在农业文明时代，第二次浪潮出现在工农业文明时代。核心家庭、工厂式的学校、大公司都是第二次浪潮的典型社会结构，标准化、专门化、同步化、集中化、极大化是在第二次浪潮中才形成的社会规范。第三次浪潮则出现在工业文明时代之后。托夫勒指出，第三次浪潮可能产生的领域有太阳能及其他可再生能源的不同利用方式，如电子业和电脑业、太空工业、海洋工业、遗传工业等等。

三十多年过去了，托夫勒的预言大多已成为现实。"产消合一"的经济形态已经出现，"多样化的传播方式和传播工具"开始普及，弹性工作制、在家办公开始流行。托夫勒曾说：没有人能够"知道"未来。但是，他在 20 世纪 80 年代就预测第三次浪潮将会拍打人类文明社会。他的著作《第三次浪潮》成了一部给几代人指明未来方向的不朽经典，被翻译成三十余种语言，在全球发行上千万册，持续热销二十年！科学技术的发展，特别是信息技术的飞速发展，使托夫勒的预言成真。

第三次浪潮以后，有没有新的浪潮继续冲击人类社会呢？博客、播客、黑客、微博、微信、"Web 2.0"、3D 打印、"工业 4.0"、互联网、物联网、云计算、"大数据"、智能机器人、智能交通、智能医疗、智能教育、智慧城市……它们是第三次浪潮的产物，还是新一次浪潮的标志？《第三次浪潮》中设想的新文明——新的价值观、新的科技、新的地域政治关系、新的生活形态出现了没有？第三次浪潮过去了没有？

中国科学家褚君浩院士和未来学研究者周戟副教授在他们合著的《迎接智能时代：智慧融物大浪潮》中称：智慧融物大浪潮将使人类社会迎来智能时代。

什么是智能时代？什么是智慧融物大浪潮？

回顾人类社会最近三十多年的发展与变化，第二次、第三次浪潮中酝酿的科技革命已经完成，多样化的传播工具和传播方式已经出现，特别是科技领域人工智能的出现、人工智能技术的发展和应用，使我们周围的世界变了模样。人们惊讶地看到一个新浪潮——一个有别于托夫勒"第三次浪潮"的新浪潮已经掀起，已经在"兴风作浪"。

这个新浪潮不是什么"智慧融物"，因为智慧融合到事物中、融合到物理世界的现象早已存在，在农业时代、工业时代就已经出现了。这个新浪潮是人工智能催生的。人类社会经历第一次浪潮、第二次浪潮、第三次浪潮的冲击，发生过翻天覆地的变化，而新浪潮又在拍击着今日的人类文明社会。这个新浪潮就是人工智能融合浪潮，要是延续未来学家托夫勒的思路，把它称为"第四次浪潮"也是合适、确切的。

人工智能融合浪潮影响着今日的每个国家和地区，影响着每个企业、组织和个人，没有任何个体可以例外、可以独善其身。人工智能融合浪潮推动着人类文明社会进入崭新的人工智能时代。

今日社会的结构、组织、系统正受着人工智能融合浪潮的冲击，正在发生深度的变化，社会管理急需创新、革新。消除贫困、克服环境危机的路线，加快劳动力转型升级都是必由之径。

企业和企业所处的生态环境正受着人工智能融合浪潮冲击，发生翻天覆地的变化。庞大的工厂和高耸入云的办公大厦人去楼空，曾经显赫一时的品牌消失得无影无踪，它们都被人工智能融合浪潮所淹没。企业管理者若不尽快适应、不好好谋划，企业的生存都会发生问题。

学校的老师、在校大学生或者满怀梦想的创业者要意识到，在人工智能融合浪潮的冲击下，一些职业和工作岗位正在"消失"，不要被动地等毕业就失业、一进入市场就破产。在人工智能时代，需要准确判断有哪些产业适合发挥个人的聪明才智和特长，哪些机遇需要抓住、也可以抓住。否则，只是白日做梦，白忙一场。不信，看看当年的马云、马化腾、李河君们是怎么抓住第三次浪潮的机遇，短短几年就使自己成为中国的巨富？

人类社会正处在伟大的历史转折期，正向人工智能时代转变，人工智能融合浪潮正在向我们扑来。我们有可能成为人工智能融合浪潮的受益者，有可能成为人工智能时代的领跑者，让我们紧跟时代步伐，迎接人工智能时代的到来。

第四次浪潮来了，人工智能时代来了。你，准备好了没有？

3

目录

一

第一章　人工智能简史

"人工智能"（Artificial Intelligence，简称"AI"）这个词最初出现在1956年，那时它只是对机器智能感兴趣的专家学者口头说说的名词。那之后，一些专家、学者才认真地研究了人工智能，发展了众多理论，人工智能的概念也随之拓展。

六十多年过去了，人工智能经过几上几下，如今已经铺天盖地出现在海内外各种媒体上。人工智能已经闯进我们生活，也影响到了其他技术的发展，使得人类社会"旧貌换新颜"。

了解它的过去，才能了解人工智能的现在和未来，回顾人工智能的发展历史是十分必要的。

一、人工智能的诞生

"人工智能"这个词出现的时间并不长，人工智能技术出现在计算机诞生之后，历史虽不悠久，发展速度却很快。

说起人工智能，还得提埃及金字塔。有人认为，是金字塔引发了人工智能技术的猜想和探索。

金字塔是法老的陵墓，是世界一大奇迹。埃及共发现九十多座金字塔，其中最大的是胡夫金字塔。

胡夫金字塔高140多米，耗时三十年建成。这个金字塔的宏伟规模和当时埃及人的高超建设技巧让人惊叹！金字塔都由石块搭建而成，但是石块与石块之间没有任何黏合剂，每一块石头都打磨得非常平整，即使经历了数千年，现代人都很难在石块之间插入刀刃。

修建大金字塔需要数量庞大的石头，采石场距金字塔很远，埃及人怎么将这些个大石头搬运过来的？怎么把巨大的石头搭建成金字塔的？还有，金字塔里的壁画上有许多象形文字，还有很多外星人模样的人物，金字塔的方位、角度都跟一些数字紧密地联系在一起，这暗示了什么？

专家们进一步研究胡夫金字塔后发现：将胡夫金字塔的周长除以金字塔高的两倍正好是圆周率，胡夫金字塔的估计总质量乘以 10^{15} 正好是地球的质量，胡夫金字塔的底边长大约为 365 的倍数，等等。这些极为神奇的数字，真的是巧合吗？会有这么多精准的巧合吗？

于是，人们开始猜想人工智能的存在。或许，人工智能早在几千年前就出现了，而古埃及人在建造金字塔时，或许就借助于某种人工智能。

微博士

胡夫金字塔

胡夫金字塔是埃及最大的金字塔。它高 146.59 米，相当于 40 层大厦高。塔身用 230 万块巨石块堆砌而成，石块大小不等，重量为 1.5—160 吨，塔的总重量估计为 684 万吨。它是一座几乎实心的巨石体，10 万多个工匠共用约 20 年的时间才建成此般奇迹。

二、人工智能概念的产生

世界上第一台电子计算机于 1946 年 2 月在美国诞生。它是一台由电子管、电阻器、电容器构成的数字式计算机，重达 30 吨，占地 160 平方米。这台计算机每秒只能运行 5 000 次加法运算。

第一台计算机诞生后，计算机以惊人的速度发展，首先是晶体管取代了电子管，继而是微电子技术的发展，使得计算机处理器和存储器上的元件越做越小，数量越来越多，计算机的运算速度和存储容量迅速增加。

电子计算机的发明和发展使信息存储和处理技术发生了革命性变化。它用电子方式处理数据，为人工智能技术的出现和发展，提供了必要的技术基础。

20世纪50年代早期，人们注意到人类智能与机器之间的联系，发现所有的机器智能活动都是反馈机制的结果，而反馈机制是有可能用机器模拟的。这项发现对早期人工智能技术的发展影响很大。

1955年末，有人编写了一个名为"逻辑专家"的程序。它将每个问题都表示成一个树形模型，然后选择最可能得到正确结论的那一枝来求解问题。"逻辑专家"这个程序被认为是第一个人工智能程序，对其后研究产生重大影响，所以，它被认为是人工智能发展中一个重要的里程碑。

1956年，被称为"人工智能之父"的约翰·麦卡锡，组织了许多对机器智能感兴趣的专家学者，参加达特茅斯学院的夏季研讨会。在这场研讨会上，麦卡锡将头脑中已经发酵的机器智能正转变为人工智能的概念提了出来。虽然这次研讨会不是非常成功，但它集中了一群人工智能的研究专家，提出了人工智能概念，并为以后的人工智能研究奠定了基础。

"人工智能"这个词出现了，人工智能概念也出现了，它利用计算机来模拟人的某些思维过程和智能行为，如学习、推理、思考、规划等，主要包括计算机实现智能的原理、制造类似于人脑智能的计算机，使计算机能实现更高层次的应用。

如果说计算机为人工智能的发展打下了技术基础，那么，人工智能的出现拓展了计算机的应用领域。现在，人工智能被认为是21世纪三大尖端技术之一，近三十年来，它获得了迅速的发展，在很多学科领域都获得了广泛应用，并取得了丰硕的成果。人工智能已逐步成为计算机学科的一个分支，在理论和实践上都自成系统。

微博士

约翰·麦卡锡

约翰·麦卡锡，美国计算机科学家、认知科学家。他在1955年的达特茅斯会议上提出了"人工智能"一词，因此被誉为人工智能之父，并将数学逻辑应用到了人工智能的早期形成中。他发明的LISP语言，至今仍在人工智能领域广泛使用。

约翰·麦卡锡

三、神经网络热和"人工智能的冬天"

在人工智能发展史上，有一件大事，那就是神经网络的开发和构建，一股神经网络热潮随之兴起，推进了人工智能领域的发展。

神经网络热推进了人工智能领域的发展，"专家系统"出现了。研究人员本想通过"专家系统"减少智力劳动成本，从而推进人工智能技术更进一步的发展。结果，事与愿违，反而带来了"人工智能的冬天"，使人工智能研发进入低潮。

1. 神经网络热的兴起

1943年，美国心理学家和数理逻辑学家合作建立了神经网络的数学模型，称为"MP模型"。他们通过MP模型提出了神经元形式化的数学描述，还提出了神经元网络的结构方法，证明了单个神经元能执行逻辑功能，从而开启了人工神经网络研究的时代。

人工神经网络是受到人或其他动物神经网络功能的运作启发而产生的，这是一个基于统计学的学习方法，它是一种应用类似于大脑神经突触连接的结构以进行信息处理的数学模型。

人工神经网络这种运算模型，由大量的节点（即神经元）和它们之间相互连接构成。每个节点代表一种特定的输出函数，称为"激励函数"。每两个节点间的连接都代表一个对于通过该连接信号的加权值，称为"权重"，这相当于人工神经网络的记忆。网络的输出则依网络的连接方式、权重值和激励函数的不同而不同。

人工神经网络是在现代神经科学研究成果的基础上提出的，试图通过模拟大脑神经网络处理、记忆信息的方式进行信息处理。其实，人工神经网络也是数学统计学方法的一种实际应用，通过数学统计学的应用，人工神经网络能够获得类似人类的简单决定能力和简单判断能力，这种方法比逻辑学推理演算具有更大优势。

1957年，美国心理学家兼计算机科学家弗兰克·罗森布拉特在美国海军的资助下，参照人脑的神经回路，成功地构建了最原始的信息处理系统，被称为"神经网络"。罗森布拉特把自己开发的初代神经网络系统命名为"感知器"，这种"感知器"能识别和区分图形，例如：区分三角形和四角形，具有人脑的基础功能，是初级的信息处理系统。

"神经网络"的开发和构建成功，成为当时的一大科技新闻，传遍全球，使人们为之一震，人们开始相信机器可能具备像人类一样的思考能力，甚至拥有自我意识。

于是，世界上掀起了人工智能领域"模拟人脑神经网络"的研发热潮。

微博士

人工神经网络

人工神经网络是一种模仿动物神经网络功能、进行分布式并行信息处理的数学算法模型。这种网络通过调整内部大量节点之间相互连接的关系，从而达到处理信息的目的，并具有自学习和自适应的能力。它是通过一个基于数学统计学类型的学习方法的优化，也是数学统计学方法的一种实际应用。

2. "专家系统"引发"人工智能的冬天"

从20世纪60年代开始，"专家系统"出现了，这是一个应用专家知识和推理方法求解复杂问题的人工智能计算机程序。

"专家系统"属于人工智能的一个发展分支，它的研究目标是模拟人类专家的推理思维过程。一般是将某个领域专家的知识和经验，用一种知识表达模式存入计算机。系统对输入的事实进行推理，做出判断和决策。

　　人工智能中的"专家系统"是由人机交互界面、知识库、推理机、解释器、综合数据库、知识获取这六个部分构成。其中，知识库和推理机为基本结构。知识库中存放着求解问题所需的各种知识，知识库中存储的知识是自各个领域专家的专业知识、经验整理出来并用系统的方法存储在知识库中的；推理机则负责使用知识库中的专业知识去解决实际问题。当用户需要解决某一个问题时，只需要输入一些有关数据，便可从"专家系统"中获得"专业水平"的结论。

　　第一代"专家系统"出现于20世纪60年代末。1968年，推断化学分子结构的"专家系统"研发成功，接着是用于数学运算的"专家系统"，这两个"专家系统"都是针对其相关应用领域而问世的。此后，更多"专家系统"面世。

　　起先，"专家系统"这种人工智能产生了一定的经济效益和社会效益，这样它就成为人工智能领域中最活跃、最受重视的领域。

　　20世纪70年代，"专家系统"趋于成熟，"专家系统"的理念也开始广泛地被人们接受。"专家系统"广泛应用在工程、医药、军事、商业等方面，先后出现了各种类型的"专家系统"：有根据对症状的分析，推导出症状发生原因及治疗方法的诊断型"专家系统"；有根据表层信息解释深层结构或内部情况的解释型"专家系统"，如地质结构分析、物质化学结构分析；有根据现状预测未来情况的预测型"专家系统"，如气象预报、人口预测、水文预报、股票走势预测；有根据给定的产品要求设计产品的设计型"专家系统"，如建筑设计、机械产品设计等；有对可行方案进行综合评判并优选的决策型"专家系统"；有用于制定行动规划的规划型"专家系统"，如自动程序设计、军事计划的制定等；有辅助教学的教学型"专家系统"；有用于自动求解某些数学问题的数学"专家系统"；有对某类行为进行监测并在必要时候进行干预的监视型"专家系统"，如机场监视、森林监视等。

20 世纪 80 年代前半期，以日本、美国、欧洲一些国家为首，此类人工智能技术在世界范围内掀起了热潮。尤其是被称为"专家系统"的新技术汇集了大规模资金而成为研发的热门领域。一个个"专家系统"相继研发成功，它们都是将各界专家所掌握的专业知识和生产经验数字化、规则化并植入计算机后所形成的人工智能系统。研究、开发"专家系统"的目的是通过将脑力劳动自动化以节省相应的专家人工费用。

然而，这些"专家系统"几乎没有哪一个最终能实现其最初的研发目的。花了大量资金研发出来的"专家系统"没能节省相应的专家人工费。因为，现实世界里存在许多不确定因素，充斥着许多例外与各种细微的差距。人类专家可以按照自己掌握的知识和经验，采取灵活的方式处理这些问题，而"专家系统"只会墨守成规，按照预定的程序和规则处理这些问题，应付不了千变万化、错综复杂的现实世界。

因此，花费大量资源研发出来的各种"专家系统"被束之高阁。那些为"专家系统"的研发投入了大批设备、大量人才和大量资金的风险企业没有得到回报。研发"专家系统"的风险企业接连倒闭，人工智能的研发完全陷入了崩溃。

投入巨额资金推进人工智能研发计划，却没有产生什么醒目的成果——美、英、日等国的人工智能研发计划都没有取得实质性成果——这对业界是沉重的打击，直接影响了人工智能的发展。

就这样，从 20 世纪 80 年代末期开始，人工智能研发进入了很长时间的低迷期，被称为"人工智能的冬天"。人工智能研发热潮才刚开始，寒冷的"人工智能的冬天"就来临了。

微博士

"专家系统"

"专家系统"是一种人工智能计算机程序，能在某些特定领域应用大量的专家知识和推理方法求解复杂问题。一般是将一个领域专家的知识和经验，用一种知识表达模式存入计算机。系统对输入的事实进行推理，做出判断和决策。

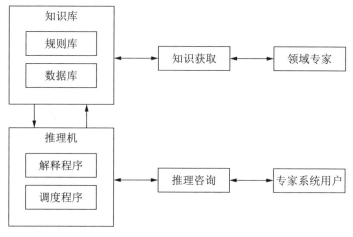

"专家系统"工作流程

四、"冬天里的嫩芽"

正在人工智能黯然退场、进入低谷时,一种新理念被引入人工智能系统。所谓新理念,就是有人将"统计与概率推理理论"引入人工智能系统中,贝叶斯网络出现了,成了人工智能的冬天里的一片嫩芽。

1. 贝叶斯定理与贝叶斯网络

贝叶斯定理是 18 世纪英国数学家托马斯·贝叶斯提出的。他认为,事先确定的概率,即先验概率,在经过一系列的实验、观测及测定之后,可以转化为更为准确的概率,即后验概率。贝叶斯定理就是用来描述两种概率之间转换关系的一则定理。

贝叶斯在数学方面主要研究概率论,他将归纳推理法用于概率论基础理论,并创立了贝叶斯统计理论。他在统计决策函数、统计推断、统计的估算等方面作出了杰出的贡献。

美国加州大学洛杉矶分校的计算机科学教授朱迪亚·珀尔根据贝叶斯定理,创建了"贝叶斯网络"。贝叶斯网络是一种概率网络,它是基于概率推理的图形化网络,也是基于概率推理的数学模型。

所谓概率推理,就是通过一些变量的信息来获取其他概率信息的过程。基于概率推理的贝叶斯网络是为了解决不确定性和不完整性问题而提出的,它对于解决复杂设备中不确定性和关联性引起的故障有很大的优势,在多个领域中获得广泛应用。

珀尔教授运用贝叶斯定理，创建了以概率形式来表现事件之间因果关系的网络，即贝叶斯网络。比如，院子里的草坪湿漉漉的，那是因为：

A．刚刚下过雨（概率为70%）；

B．刚刚浇过水（概率为30%）。

和之前只能依据既定规则行事的人工智能相比，这种系统能够更加灵活地描述现实世界。

加州大学洛杉矶分校和斯坦福大学等美国西海岸大学学习过珀尔教授的统计与概率学人工智能研究方法的一些学生毕业后进入谷歌、微软等全球性IT企业工作，他们使贝叶斯网络和珀尔教授的研究方法迅速地传播到了整个业界。

贝叶斯网络这种研究方法的优势就在于，随着数据资料的不断充实、不断丰富，描述事物间因果关系和相关关系的各项概率也会越来越准确。比如，谷歌公司所提供的谷歌翻译就是很好的例子。

谷歌翻译通过让计算机对网络上出现的各种对照译文进行消化整理，来完成不同语言间的互译工作。计算机要做的并不是去理解语言的语义，而是计算出可能产生的译文的概率。随后，计算机读取更为大量的译文，并运用贝叶斯定理得出更为准确的后验概率。中央处理器多次反复这一过程，便可以使译文准确的概率越来越高，译文错误的概率越来越低，并最终判定正确译文。

统计与概率推理方法被广泛应用于各种人工智能产品中，如智能手机语音识别中使用的隐马尔可夫模型，还有无人驾驶汽车中使用的卡尔曼滤波等，使这些产品展现出极高的性能。

所以，统计与概率推理理论成了"人工智能冬天"里的嫩芽。

微博士

托马斯·贝叶斯

托马斯·贝叶斯是18世纪英国神学家、数学家、数理统计学家和哲学家，1702年出生于英国伦敦。他是概率论理论的创始人，创立了贝叶斯统计理论，提出了贝叶斯定理和著名的贝叶斯公式，对于统计决策函数、统计推断、统计的估算等作出了贡献。

托马斯·贝叶斯

2. 引入神经科学研究成果

统计与概率推理方法在实际应用中也存在一些问题和局限。首先，它不过是对数值计算推导出的对照关系或者统计样本有所理解罢了。这种程度的"智慧"是否真的可以被称为"人工智能"还有待商榷。

其次，这种人工智能的性能是有限的。就拿无人驾驶汽车中使用的卡尔曼滤波来说，它可以在行驶过程中感知到挡风玻璃撞到了某个"小东西"，但并不能辨别这个"小东西"是苍蝇还是石子。如果是苍蝇，无人驾驶汽车可以忽略它继续前行；如果是石子，就有可能损坏无人驾驶汽车的挡风玻璃，出于安全考虑，应及时停车。基于统计与概率推理开发的卡尔曼滤波无法对这类差异进行辨别，这就影响了这类人工智能产品的实用化、商品化。

为了解决这些问题，新一代人工智能技术走进了人们的视野，它就是被称为"深度神经网络"或者"深度学习"的人工智能技术。这种人工智能技术使得迅速衰落的神经网络技术获得了浴火重生的机会。

早期的神经网络感知器只有两层构造，即信息输入和信息输出；而新生的神经网络则有多层构造，在信息输入与信息输出之间还存在多层重叠的"隐层"，有"深层"或"多层"的说法。

初期神经网络系统与新式神经网络系统之间还有一个很大的差异，就是新式神经网络系统真正引入了神经科学的研究成果。初期神经网络系统中只有"形式神经元"这一小部分参考了大脑结构，其余都只是复杂数值计算的堆砌，无论如何也不能称作对大脑的模仿。

新式神经网络系统中引入了脑神经科学研究成果，世界各IT公司纷纷将该研究成果应用于自家的人工智能产品。例如，得益于深度神经网络系统，谷歌公司语音检索和图片检索的精度都有了大幅提高。微软在视频会议系统中使用了相同技术，实现了西班牙语与英语等不同语言间的自动同声传译。德国奥迪在制造无人驾驶汽车的过程中，不断研发深度神经网络系统的搭载技术，希望通过模仿人脑的思考方式，来解决上文提到过的"区分苍蝇与石子"的问题。

神经科学的研究成果引入人工智能，将为前沿高端的信息科技系统提供技术支持，有可能制造出无限接近人类大脑的人工智能系统，人工智能产品有可能步入实用化、商品化，但愿这只是开始，只是序幕。

微博士

深度神经网络

深度神经网络（DNN），又称为深度学习，是人工智能的一部分。人工智能是人类利用科学与工程学创造出具有如同人类那样能实现目标的能力的智能机器。深度神经网络是利用统计学学习方法从原始数据中提取高层特征，在大量的数据中获得有效表征，所以它是许多人工智能应用的基础。深度神经网络在语音识别和图像识别上的突破性应用，使其应用量有了爆炸性的增长。深度神经网络可以在自动驾驶汽车、癌症检测、复杂游戏中应用。

五、把人工智能关在游戏笼子里

20世纪50年代，国际象棋等棋牌类游戏中的人工智能研发就已经起步。为什么在人工智能领域，科学家总是热衷于让人工智能跟人类下棋、玩游戏？

人工智能研发的先驱人物很早确定人工智能的目标是让机器"像人类一样认识世界，做出决策，并付诸行动"。由此，"认识、决策、行动"便成为人工智能的三大基本要素。但是，现实世界过于复杂，很难充分发挥人工智能的潜能。因此，研究人员们便有了这样一个想法：先把人工智能关在游戏这个小院子里，让人工智能在游戏中发展起来。研究人工智能跟人类下棋、玩棋牌类游戏，该领域被称为"游戏人工智能"。

也亏得科学家研究人工智能跟人类下棋、玩棋牌类游戏，这才促进了人工智能技术的发展。

1. 棋类游戏的博弈

从简单的跳棋、五子棋，到更加复杂的中国象棋、国际象棋、围棋和德州扑克，甚至桥牌、麻将、"斗地主"等，每次人工智能在某种棋牌类游戏中成功地击败人类选手，都会让大家惊叹不已。

人工智能研发专家之所以乐于选择棋类游戏，是因为棋类游戏自古以来就被认为是人类智力活动的象征，模拟人类活动的人工智能自然要以此为目标。要是人工智能可以成功达到或超过人类水平，就能吸引更多人关注人工智能的研究和应用。同时，棋类游戏适合作为新的人工智能算法的标杆。因为棋类游戏的规则简洁明了，输赢都在盘面，适合用计算机求解。只要在计算能力和算法上有新的突破，任何棋类游戏都有可能得到攻克。

说起棋类游戏，就要说说博弈。博弈是有限参与者进行有限策略选择的竞争性活动，比如下棋、打牌、竞技、战争等。博弈有多种类型，就棋类游戏人工智能博弈中的信息拥有程度来看，可分为完全信息博弈和不完全信息博弈。

完全信息博弈，即博弈双方接收到的信息是完全对等的，棋面信息是公开的，大家都可看到，如国际象棋和围棋。在完全信息博弈中，人工智能每次只需要根据当前盘面，搜索计算以后各种情况下自己的胜率。

为了提高搜索效率，需要对搜索过程中产生的"博弈树"进行广度和深度剪枝。这就是我们平常下棋时常说的算多远和算多准。为了算得远，我们一般需要让人工智能尽可能忽略对手和自己不太可能走的地方，称为策略函数。为了算得准，需要更加准确地评估多步后的盘面和自己的胜率，称为价值函数。找到了合适的函数，再加上计算机的强大计算能力，让人工智能达到或超过人类的博弈水平成为可能。

另一类非完全信息博弈，棋面信息不是大家都可以看得到的，博弈双方接收到的信息是不对等的，如打牌、麻将，非完全信息博弈参与者则是努力使自己的期望效用最大化。非完全信息博弈要求更为复杂的推理能力，不仅要看别人打了什么牌，还要猜测别人手里有什么牌，并根据对手行为暗示的信息，来计算自己的最优出牌方法。对手的出牌不仅暗示他的信息，也取决于他对我方私人信息有多少了解、我们的行为透露了多少信息。所以，这种"循环推理"使得一个人很难孤立地推理出游戏的状态。

微博士

信息博弈

博弈是有限参与者进行有限策略选择的竞争性活动。博弈活动有多种类型，从信息的拥有程度来看，博弈分为完全信息博弈和不完全信息博弈。完全信息博弈指参与者本人与所有其他参与者都拥有全部参与者的特征、策略及得益函数等方面的准确信息的博弈，不然，则是不完全信息博弈。

2. 人工智能击败人类选手

自从科学家让人工智能参与棋牌游戏，尝试和人类选手进行比赛、进行博弈，奇迹出现了，人工智能不仅能参与其中、成为人类选手的陪伴者，而且能击败人类选手。谷歌研发的人工智能"AlphaGo"，于 2016 年和 2017 年分别击败了人类职业围棋的代表人物——李世石九段和柯洁九段，不仅震惊了职业围棋选手，更使全人类感到惊讶。

其中原理何在？人工智能为何能击败人类选手？

原来，在棋牌类游戏的博弈过程中，对阵双方都希望本方取胜。因此，在有多个行动方案可供选择时，博弈者总是挑选对本方最为有利而对对方最为不利的那个行动方案去实施。此时，要是站在 A 方的立场上，则可供 A 方选择的若干行动方案之间是"或"关系，因为主动权为 A 方所有，选择这个行动方案，还是选择另一个行动方案，完全由 A 方决定。但是，若 B 方也有若干个可供选择的行动方案，对 A 方来说，这些行动方案之间则是"与"关系，因为这时主动权为 B 方所有，这些可供选择的行动方案中的任何一个都可能被 B 方选中，A 方必须考虑到对自己最不利的情况发生。

要是把上述博弈过程用图形表示出来，得到的是一棵"与/或"树。这里要特别指出，该"与/或"树是始终站在博弈者一方的立场上得出的，绝不是一会儿站在这一方的立场上，一会儿又站在另一方的立场上。

在棋牌类游戏的博弈过程中，没有生命的计算机之所以能够打败人类，看似比人类"聪明"，就在于计算机能在较短时间内模拟出所有棋局的状态，然后筛选出对其最有利的棋局状态从而落子。

在棋牌类游戏中，人工智能之所以能击败人类选手，是科学家把人工智能关在游戏笼子里的结果。

微博士

博弈树

博弈树用树的节点来表示博弈过程中的每一步，用树状结构记录棋局状态。比如在象棋中，双方棋手获得相同的棋盘信息并轮流走棋，目的就是将死对方，或者避免被将死。由此，我们可以用一棵"博弈树"，即一棵n叉树，来表示下棋的过程：树中每一个节点代表棋盘上的一个局面，对每一个局面（节点）根据不同的走法又产生不同的局面（生出新的节点），如此不断，直到再无可选择，即到达叶子结点，意味着棋局结束。

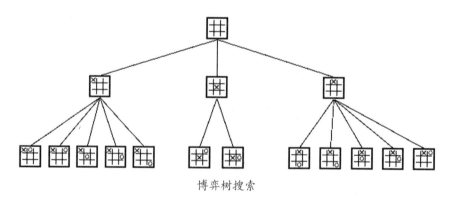

博弈树搜索

3. 蒙特卡罗算法推进了人工智能研究

棋牌类游戏人工智能的成功和蒙特卡罗算法的应用有很大关系。

蒙特卡罗算法又称统计模拟法、随机抽样技术，是一种随机模拟方法，以概率和统计理论方法为基础，是使用随机数来解决很多计算问题的方法。

蒙特卡罗算法诞生于20世纪40年代。美国当时正进行研制原子弹的"曼哈顿计划"，数学家冯·诺伊曼在那时首先提出该算法，并用摩纳哥的蒙特卡罗来命名这种算法。蒙特卡罗算法将所求解的问题同一定的概率模型相联系，用电子计算机实现统计模拟或抽样，以获得问题的近似解。

蒙特卡罗算法的实质是，对于无法判定其优劣的局面，有一个特殊的处理办法：随机下棋。通过大量随机落子盘的胜负概率来决定局面的优劣。然后，不断地强化在随机局里获胜的那个思考分支，最后呈现的形式就是有前途的分支才会被计算机思考下去。科学家依此对掌握了蒙特卡罗算法的电脑进行了大量训练。

蒙特卡罗算法应用于某个棋牌类游戏，使得人工智能在这类智力游戏上成功地击败了人类选手。其意义不在于输赢本身，而是人们对这类游戏的耳熟能详，可以使他们通过比赛了解到人工智能的最新进展，这对人工智能的发展有很大促进作用。人工智能若是在研究棋艺的过程中不断进步和提升，会带来更多设计上的创新，从而在根本上提升人工智能算法的能力和适用范围。

棋牌类游戏中，人工智能的成功和突破能够启发人工智能在其他方面的研究和应用，并能将创新应用到更多的行业和领域，激励更多的人投身于人工智能的研究和实用化领域。

在棋牌类游戏的人机对弈过程中，人工智能研究领域的技术、专家和人才培养体系也得以提高和完善，从而推动人工智能去攻克一个又一个技术和应用的"高地"，以便让机器"像人类一样认识世界，做出决策，并付诸行动"，以实现人工智能的三大基本要素——"认识、决策、行动"的最优化，让人类生活更加便捷、高效和智能化，使整个人类和大自然都能够受益于人工智能。

微博士

蒙特卡罗算法解题过程

蒙特卡罗算法的解题过程可以归结为三个主要步骤：一是构造或描述概率过程。对于本身就具有随机性的问题，就正确描述和模拟这个概率过程，对于本来不是随机性的确定性问题，就必须事先构造一个人为的概率过程。二是实现从已知概率分布抽样，产生已知概率分布的随机变量。三是建立各种估计量，从中得到问题的解。

六、战争促进了人工智能发展

战争也是一种博弈，国家内部、国家之间、国家集团之间发生的战争，是人类最为残酷的一种博弈。

人工智能可以参与战争，参与战争的一方或双方，影响战争的进程和结果。无可否认，战争也促进了人工智能的发展。

1. 劈向巴格达的"战斧"

1998年12月17日凌晨，城市上空火光冲天，阵阵爆炸声撕裂了巴格达宁静的夜幕。这是美英对伊拉克发动的代号为"沙漠之狐"的军事行动的首次攻击。空袭持续了两个多小时，但是，巴格达上空并没有飞机的踪影。空袭巴格达的是美英巡航导弹，其中大部分是战斧式巡航导弹。

战斧式巡航导弹空袭巴格达，这不是第一次，也不是最后一次。在1991年的海湾战争及2003年的伊拉克战争中，巴格达屡屡受到战斧式导弹攻击，它给伊拉克人民带来了深重灾难。

战斧式巡航导弹是一种先进的巡航导弹，由美国通用动力公司于1972年开始研制，1983年装备部队。战斧式导弹是一种利用空气动力飞行的带翼导弹，通体细长，头部呈卵形，中段为圆柱体，尾部为截锥体。它由战斗部、动力装置、制导系统、弹翼和尾翼四部分组成。

战斗部用于战斗，有两种类型，一种是常规弹头，填装烈性炸药，一枚常规弹头可以摧毁一座钢筋水泥的高层建筑；另一种是核弹头，装填核炸药，具有大规模杀伤能力。在"沙漠之狐"行动中，使用的是常规弹头。

动力装置用于提供导弹在空气中飞行的动力，它是一种涡轮式航空发动机，装载于弹体腹部，配有燃油箱储存燃油。有的战斧式巡航导弹还装有固体火箭助推器，配备于弹体尾段。制导系统用于控制导弹飞行，其制导装置安装于头部，将导弹导向目标。弹翼和尾翼是用来保持弹体飞行的稳定性的。弹翼位于弹身中部，是一对窄梯形的折叠式直弹翼，平时折叠在弹身纵向贮翼槽中，发射时才打开。尾翼装配在尾部，是一种十字形折叠尾翼，平时翼根后折，也是发射时才打开。

在"沙漠之狐""沙漠风暴"军事行动及其后的伊拉克战争中，战斧式对陆常规攻击型导弹得到了广泛的应用。

微博士

战斧式导弹巡航分类

战斧式巡航导弹有三种类型：潜射型核攻击导弹（BGM-109A）装载于核潜艇上，发射的是核弹头，主要用于对战略目标进行核攻击；舰射型对舰导弹（BGM-109B）装载于水面舰艇上，发射的是常规弹头，主要用于对海上目标进行导弹攻击；潜射、舰射型对陆常规攻击型导弹（BGM-109C）一般装载于潜艇、水面舰艇上，发射的是常规弹头，主要用于对陆上目标进行导弹攻击。

军舰在发射战斧导弹

2. 战斧打得准的奥秘

战斧式巡航导弹是一种智能导弹，实际上是一种带有战斗部的无人驾驶飞行器。它从发射到命中目标，始终处于推力作用下，并在制导系统控制下飞行。它的飞行轨迹与飞机很相似。

战斧式巡航导弹命中精度高，其秘密在于它的制导系统。弹体除了装配有惯性导航和地形匹配控制系统外，还采用了更为先进的数字式影像匹配区域相关器，它是一个微型计算机控制的软件系统。这三种不同的飞行控制系统，使战斧式巡航导弹颇具智能，能从千里之外，飞向目标区域，找到所要攻击的目标，并精确命中目标。

在导弹发射前，由侦察卫星预先把目标区域及沿线地形特征，通过遥控系统描绘成数字地图并储存在导弹计算机里，同时把攻击目标所要求的航线编成程序输入。导弹在飞行过程中，对弹体飞行路线下方的地形特征及时进行测量，并将实际测得的数据与预先储存的地形特征数据进行比较。若对比测得其偏差，便发出指令，修正导弹的飞行航线，使得导弹精确瞄准要攻击的目标。

导弹上的全球定位系统和空中的卫星导航系统能保证它飞向预定的目标。其飞行过程中，至少有 4 颗卫星为它导航。弹载全球定位系统随时接收卫星信号，确定其飞行状况。如果偏离了预定的飞行轨道，弹载计算机系统会自动对比预存的目标地图和实际地形，自动进行纠正。由于它的飞行高度较低，地面雷达系统很难发现它。

正因为战斧式巡航导弹上装配有先进的制导系统，使得它能随时改变航线，进行特技飞行，可以避开非军事目标，精确导向所要攻击的军事目标。

为使导弹袭击具有隐蔽性，战斧式巡航导弹头部的天线罩和进气斗均采用雷达波吸收能力较强的复合材料，以减小雷达波散射截面。同时，采用红外辐射小的发动机作动力，以减小导弹的红外辐射。

为提高导弹生存能力，不让雷达发现，战斧式巡航导弹能够进行超低空飞行。它在海上的巡航高度为 7—15 米，在陆地为 60 米，在山地为 150 米。所以，它具有较强的生存能力和攻击能力，能自行改变速度、高度，进行攻击。

战斧式巡航导弹也是有弱点的。它技术复杂，保障要求高，发射准备时间长，许多软件数据必须事先设定，并输入导弹。同时，它的战场适应性差，易受气象条件影响。此外，它的飞行速度慢、高度低，易被发现。在"沙漠之狐"军事行动第一天的导弹攻击中，就有几十枚战斧式巡航导弹被伊拉克防空部队击落。

战斧式巡航导弹参加的历次美军军事行动，使人工智能技术受到检验，它在美军历次军事行动中的表现，证明了人工智能技术被用于导弹系统是成功的，是人工智能技术使战斧导弹变得"聪明"，使它成为一种先进的武器系统。

战斧导弹的出现已经有几十年时间，人工智能技术的发展及注入导弹的制导系统，将会使其打击精准度更高，会使它"越来越聪明"。

微博士

BGM-109C 对陆常规攻击型导弹

BGM-109C 对陆常规攻击型导弹是一种多用途的战术导弹，可以从潜艇、水面舰艇上发射，也可从飞机、地面上发射，能对付陆上目标，又能对付海上目标。这种多用途战术导弹的弹长（带助推器）为 6.17 米（不带助推器为 5.56 米），弹体直径为 527 毫米，最大射程为 1 300 千米，飞行速度相当于 0.7 倍音速。

第二章　人工智能概述

现代社会中，"人工智能"这个词频繁出现在各种媒体上，出现在政府文件中和企业家的演讲中。为此，"人工智能"入选"2017年度中国媒体十大流行语"。同时，人工智能、智能机器也闯进人们的生活，在人们日常生活中占据一席之地。

什么是人工智能？人工智能怎样分类？人工智能有什么特点？

一、什么是人工智能

"人工智能"这个词首次出现在1956年的达特茅斯会议上，由被认为是"人工智能之父"的约翰·麦卡锡首先提出。人工智能就是要让机器的行为看起来像是人所表现出的智能行为一样。但是，这次会议还没有给人工智能一个明确的定义。一般人将人工智能理解为是人造机器所表现出来的智能性，即机器要像人一样思考、会像人一样行动。

究竟什么是人工智能？

1. 人工智能的定义

要给人工智能下一个明确定义，先得了解机器智能，即人工智能和人类智能的异同。

智能是智力和能力的总称，"智"是指进行认识活动的某些心理特点，"能"则指进行实际活动的某些心理特点。人工智能和人类智能在认识活动和实际活动中的心理特点是不一样的。

人类智能是人类具有的智力和行为能力。人类的自然智能包括感知能力、记忆能力、思维能力、行为能力和语言能力五个方面。其中记忆能力和思维能力是人在大脑中实现的，是内在的；感知、行为和语言能力是人在和周围环境交往中产生的，是外露的。

机器智能是机器具有的智力和行为能力。机器的智能也包括感知能力、记忆能力、思维能力、行为能力和语言能力这五个方面内容。机器智能是机器所执行的与人类智能有关的智能行为，如判断、推理、证明、识别、感知、理解、通信、设计、思考、规划、学习和问题求解等思维活动。

机器智能，即人工智能，它和人类智能是不一样的。机器智能需要人类为它制定完整的程序，输入确切的文字、图形、声音等信息，机器智能通过其认识模型识别输入的文字、图形、声音等信息，再通过人类为它设定的解决程序去实行，但是实行起来需要很长时间。要是没有给予计算机充分的合乎逻辑的正确信息，计算机就无法理解，无法采取正确的行动。

人类智能即使在不清楚程序内容时，根据所获得的文字、图形、声音等信息，仍然能通过其认识模型识别这些信息，再通过学习而得到的提高和归纳推理、依据类推而进行的推理等去实行，并在很短的时间内找出相当好的解决方法。就算被给予的信息不充分、不正确，人类智能可以根据适当的补充信息，也能抓住它的本质，理解它的意义，进行正确的处理。

2. 如何判断机器智能

在人工智能学科还未正式诞生之前，就有人在思考机器智能的相关问题。那个人就是英国数学家阿兰·图灵。

1950年，阿兰·图灵在他的论文《计算机械与智力》里写道，建议大家考虑这个问题："机器能思考吗？"由于很难精确地定义思考，所以图灵提出了一套"模仿游戏"。这个游戏有甲、乙、丙三人参与，甲是男性，乙是女性，丙是测试者。甲、乙两人坐在测试房间里，丙坐在房间外。丙的任务是要判断出房间内的两人谁是男性、谁是女性。男性甲也是有任务的：他要欺骗测试者，让测试者做出错误的判断。

这套"模仿游戏"是为了测试男性甲的智能，要是他的智能高，就会骗倒测试者丙。同时，这套"模仿游戏"也是在测试丙的智能，要是他的智能高，就不会被骗倒。通过"模仿游戏"，图灵思索的是：如果一台机器取代游戏里甲的位置，会发生什么？这台机器骗过测试者的概率会比人类男女参与时更高吗？这个问题取代了我们原本"机器能否思考"的问题。这就是图灵测试的本意。

图灵测试的巧妙之处是避开了关于"思考"定义的纠缠，阿兰·图灵制造了一个可操作的标准。如果这台机器表现得像人类那样思考，那么我们就可以当作是它在思考，即这台机器是有智能的。

由于在智能方面，机器很难表现得和人类一样，所以图灵提出了"模仿游戏"。图灵的要求也不太高，只要被测的机器能骗倒70%的测试者，就可称这台机器是智能的。

图灵测试法自诞生以来，有支持者，也有批评者，但一直被人引用，可见其影响之大。

微博士

图灵测试法

图灵测试法是英国数学家阿兰·图灵提出的一种测试机器智能的方法，具体做法是：让一位测试者分别与一台计算机和一个人进行交流，而测试者事先并不知道哪一个与其交流的是人，哪一个是计算机。如果交谈后测试者分不出人和计算机，则可以认为这台被测的计算机是具有智能的。

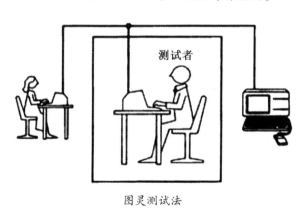

图灵测试法

22

3. 人工智能的定义

一般认为，人工智能就是用人工方法在机器上实现的智能，使机器能够模拟出"看、听、说、想、学"等人类所特有智能的科学技术。由于人工智能是在机器上实现的，因此又被称为机器智能。

但是，要给人工智能下一个严密而确切的定义实在不是一件容易的事。不同年代的不同学者对人工智能的概念有不同的描述。

1978年，有学者认为，人工智能是那些与人的思维相关的活动——诸如决策、问题求解和学习等——的自动化。于是，他们把人工智能技术和自动化技术联系在一起。

1985年，有学者认为，人工智能是一种能够使计算机产生思维的技术，使机器具有智力是激动人心的新尝试。

1991年，有学者认为，人工智能是研究如何让计算机做现阶段只有人才能做得好的事情。

1992年，有学者认为，人工智能是那些使知觉、推理和行为等智能成为可计算的研究。

1998年，有学者认为，人工智能是关于人造物的智能行为，而智能行为包括知觉、推理、学习、交流和在复杂环境中的行为。

2003年，有学者把已有的一些人工智能定义分为四类：像人一样思考的系统、像人一样行动的系统、理性地思考的系统和理性地行动的系统。

由此可见，人工智能的定义仍在不断变化和发展。未来对人工智能的定义可能是另一番全然不同的表达。

不管对人工智能的定义如何不同，但有一个相同点：人工智能被看作是计算机学科的一个分支，其基本思想和基本内容是研究如何使计算机去做过去只有人才能做的"智能工作"。也就是说，人工智能研究者们都在研究人类智能活动的规律，构造具有一定智能的人工系统，研究如何让计算机去完成以往需要人的智力才能胜任的工作，也就是研究如何应用计算机的软硬件来模拟人类某些智能行为的基本理论、方法和技术。

二、人工智能分类

人工智能出现的时间不长，门类却很多，可以按技术原理、应用领域来进行分类，也可以按智能行为的强弱进行分类。

1. 人工智能的分支

人工智能可以进入许多领域：工业、农业、交通、通信、教育、医疗、家居等。这些领域的几乎任何产品都可以智能化，都能出现相应智能的产品和服务，并通过人工智能的特殊应用使其更加智能。

实现产品和服务智能化，生产智能产品，促进了人工智能的发展，继而出现了多个人工智能的分支，即人工智能研究方向。

一是模式识别人工智能，研究计算机对表征事物或者现象等各种形式的信息进行识别、处理分析以及对事物或现象进行描述分析分类解释的过程，例如汽车车牌号的辨识，对人类面部、虹膜、指纹的辨识，通常涉及图像处理分析等技术。

二是机器学习人工智能，研究计算机如何模拟或实现人类的学习行为以获取新的知识或技能，如何重新组织已有的知识结构以不断完善自身的性能或者达到操作者的特定要求。机器学习是指在"大数据"中寻找一些"模式"，然后在没有过多人为解释的情况下，用这些模式来预测结果，例如智能汽车的自动驾驶系统。

机器学习需要从计算机科学实验室转向计算机软件，提高嵌入式机器学习或与提供它的服务紧密结合的能力。如果机器学习是前沿的，那么深度学习则是尖端的，它将"大数据"和无监督算法的分析相结合。深度学习的这种灵感完全来自我们大脑中的神经网络，因此可恰当地称其为人工神经网络。深度学习是许多现代语音和图像识别的基础，随着时间的推移，深度学习人工智能具有更高的准确度。

三是数据挖掘人工智能，建立知识库，开发出各种"专家系统"。"专家系统"是指利用研究领域的专业知识进行推论，在解决专业的高级问题方面具有和专家相同能力的解决系统，属于人工智能的应用领域。

目前，数据挖掘人工智能这一领域发展较快，应用也较广，已开发出不少有实际价值的"专家系统"：有分析化合物化学结构的"专家系统"，有针对传染性血液病诊断和治疗开发的"专家系统"，有用于地质调查的勘探"专家系统"，还有辅助工程师更快地设计飞机的"专家系统"。现有的"专家系统"可分为多种类型，从其功能来分，有诊断、解释、修理、规划、设计、监督、控制等多种类型。

此外，智能算法和机器人学也是人工智能的研究方向。智能算法，是解决某类问题的一些特定模式算法，如解决最短路径问题以及工程预算问题等。机器人学，又称为机器人技术或机器人工程学，主要研究机器人的控制与被处理物体之间的相互关系。

2. 弱人工智能和强人工智能

人工智能的概念很宽泛，种类也很多。通常，按照水平高低、智能行为强弱，将人工智能分成三大类：弱人工智能、强人工智能和超人工智能。

弱人工智能是指不能进行推理和解决问题的智能机器，它不会以人的思维方式进行思考。这些机器只不过看起来像是有智能的，但是并不真正拥有智能，也不会有自主意识。它们只专注于完成某个特定的任务，例如语音识别、图像识别和翻译，是只擅长单个方面的人工智能。

弱人工智能只因用于解决特定的具体问题而存在。弱人工智能大都是从统计数据中归纳出模型。由于弱人工智能仅处理较为单一的问题，且发展程度并没有达到模拟人脑思维的程度，所以弱人工智能仍然属于"工具"的范畴，与传统的"产品"在本质上并无区别。包括近年来推出的"AlphaGo"，它是优秀的信息处理者，但仍属于受到技术限制的"弱人工智能"。它只会下象棋，如果问它怎样更好地在硬盘上储存数据，它就无法回答。

"强人工智能"一词最初是针对计算机和其他信息处理机器创造的。强人工智能研究者认为，计算机不仅是用来研究人类思维的一种工具，而是只要运行适当的程序，计算机本身就是有思维的、有自我意识的。所以，使计算机从事智能活动是可以实现的。

强人工智能属于人类级别的人工智能，人类能干的脑力活它都能胜任。它能够思考、计划、解决问题、抽象思维、理解复杂理念、快速学习和从经验中学习等，并且和人类一样得心应手。强人工智能系统包括了学习、语言、认知、推理、创造和计划，其目标是使人工智能在非监督学习的情况下处理前所未见的细节，并同时与人类开展交互式学习。在强人工智能阶段，由于已经可以比肩人类，也具备了"具有人格"的基本条件，机器可以像人类一样独立思考和决策。

强人工智能又可以分两类：类人的人工智能，即机器的思考和推理就和人的思维方式一样；非类人的人工智能，即机器产生了和人完全不一样的知觉和意识，使用和人完全不一样的推理方式。

如今，人工智能技术研究主要集中在弱人工智能领域，并且已经取得可观的成就，而强人工智能的研究则处于停滞不前的状态。需要指出的是，弱人工智能并非和强人工智能完全对立，也就是说，即使强人工智能是可能被研发出来的，弱人工智能仍然是有意义的。至少，今日计算机能做的事，都需要智能才能完成。

微博士
强人工智能引发的哲学争论

一台机器能完全理解语言并回答问题，这台机器是不是有思维、有智能的？

有人认为机器有思维、有智能是可能的。人可以有智能，机器也可以有智能，是一台有灵魂的机器。有哲学家认为机器有思维是不可能的。有的哲学家则认为既然弱人工智能是可实现的，那么强人工智能也是可实现的。

3. 超人工智能是天堂还是地狱

超人工智能是指智能行为超越人类的人工智能，人工智能思想家把超级智能定义为"在几乎所有领域都比最聪明的人类大脑聪明很多，包括科学创新、通识和社交技能"。

当人工智能进入超人工智能阶段，人工智能已经跨过"奇点"，其计算和思维能力已经远超人脑。此时的人工智能已经不是人类可以理解和想象的。人工智能将打破人脑受到的维度限制，其所观察和思考的内容，人脑已经无法理解，人工智能将形成一个全新的社会。

超人工智能是天堂还是地狱？

有人说，超人工智能可以在各方面都比人类强万亿倍。这是因为从硬件上说，电脑的运算速度是脑神经元运算速度的1 000万倍，大脑内部的信息传播速度为每秒120米，电脑的信息传播速度则是光速。电脑容量和储存空间的物理大小可以非常随意，电脑运用更多的硬件，有更大的内存和长期有效的存储介质，不但容量大而且比人脑更准确。电脑的存储可靠性和持久性更是超过人脑，电脑可以24小时不停地以峰值速度运作。

从软件上来说，电脑的可编辑性、升级性、集体能力及更多的可能性均强于人脑。通过自我改进来达成强人工智能的人工智能，会把"人类水平的智能"当作一个重要的里程碑，但它不会停留在这个里程碑上，人工智能只会在"人类水平"这个节点作短暂的停留，然后就会开始大踏步向超人类级别的智能走去。强人工智能的智能水平增长越来越快，一旦它达到了超人工智能的水平，便是智能爆炸的终极表现。

人类对于地球的统治教给我们一个道理——智能就是力量。超人工智能一旦被创造出来，则将是地球有史以来最强大的东西，而这一切，有可能就在未来几十年发生。设想一下，一个比人脑聪明100倍、1 000倍甚至10亿倍的电脑说不定能够随时随地操纵这个世界所有原子的位置。那些在我们看来超自然的能力，对于一个超人工智能来说，可能就像按一下电灯开关那么简单。防止人类衰老，治疗各种不治之症，解决世界饥荒，等等，这一切都将变得可能。

但是，也有人对超级智能的出现表示忧心忡忡。他们认为，人类在创造超人工智能时，其实是在创造我们完全不清楚的事物，也不知道我们到达这个领域后会发生什么。有人担忧创造比自身聪明的东西，会给人类自身带来生存危机，可能对人类产生永久性的灾难，造成人类的灭绝，也可能造成地球上所有生命的终结。

超人工智能可以创造一个新的世界，不管这时人类还是不是存在。至于达到超人工智能要多久？一份调查全世界人工智能专家的问卷表明，一个中位的估计是我们会在2040年达成强人工智能，并在20年后的2060年达成超人工智能。当然，以上数据都是推测，但是它告诉我们的是，很大一部分对

27

这个领域很了解的人认为，2060年是对实现超人工智能的一个合理预测。

"超人工智能是天堂还是地狱"的争论还没有结果，超人工智能正在向人类走来，这是不争的事实，人类准备好了没有？

微博士

超人工智能工作模式

人工智能专家告诉我们，超人工智能可能的工作模式有三种：先知模式，能准确回答几乎所有的问题，包括对人类来说很困难的复杂问题，如怎样造一个更好的汽车发动机；精灵模式，能够执行任何高级指令，比如用分子组合器制造产品；独立意志模式，可以执行开放式任务，能够自由活动，可以自己做决定，如发明一种比汽车更快、更便宜、更安全的交通模式。这些对人类来说很复杂的问题，对于一个超级智能来说可能很容易。

三、人工智能的特点

人工智能是相对于人的智能而言的。由于人的意识是人脑思维活动的结果，它是一种特殊的物质运动形式。所以根据控制论，运用功能模拟的方法，可以让计算机模拟人脑的部分功能，把人的部分智能活动机械化，人工智能就这样产生了。

人工智能的本质是对人类思维过程的信息模拟，是人的智能物化。尽管人工智能可以模拟人脑的某些活动，甚至在某些方面超过人脑功能，但人工智能不会成为人类智能，更不能取代人的意识。

1. 人工智能与人类思维

人工智能是人类思维活动的模拟，并非人类思维本身。人工智能可以看成机器思维，但不能把机器思维和人脑思维等同起来，认为它可以超过人脑思维是没有根据的。它们之间的本质区别在于：

首先，人的智能主要是生理和心理的过程，是有意识的活动，人类思维会主动提出新的问题，进行发明创造。人工智能是无意识的、机械的、物理的过程，没有人类意识特有的能动性和创造能力。

其次，人类智慧具有社会性和群体性，而人工智能没有社会性。

再次，人工智能可以代替甚至部分地超过人类的某些思维能力，但它同人脑相比，局部超出，整体不及。智能机器是人类意识的物化，它的产生和发展，既依赖于人类科学技术的发展水平，又必须以人类意识对于自身的认识为前提。

所以，从总体上说，人工智能不会超过人类智慧的界限。人工智能能够超过人类思维或电脑、机器人将来统治人类的观点都是完全没有根据的。

人类思维借助语言对客观事物的概括和间接的反应过程，以感知为基础，又超越感知的界限，涉及所有的认知或智力活动。人工智能这种机器思维，也要借助机器语言对客观事物进行概括和反应，它也要以感知为基础又超越感知的界限。

人工智能的产生和发展，证明了意识是人脑的机能与物质的属性，深化了人们对意识相对独立性和能动性的认识。而人工智能，即机器思维，表明思维形式在思维活动中对于思维内容具有相对独立性，它可从人脑中分化出来，可以物化为机械的、物理的运动形式，可以部分地代替人的思维活动。

随着科学技术的发展，人工智能将向更高水平发展，反过来推动科学技术、生产力和人类智慧向更高水平发展，对人类社会进步将起到巨大的推动作用。随着人工智能技术的发展和人工智能产品的普及，人们不再认为人工智能只是未来的神秘事物，因为它已经存在于每个人的身边。

微博士

人工智能可以超过人类吗?

由于人工智能可以自我学习，也可以自我进化，所以有人认为人工智能可以超过人的智能，这是由其物理属性决定的。当然，由于人工智能是由人类创造的，全面地超越人类智能，无论在技术上和伦理上都是不可能的。

2. 集体智能的挖掘

顾名思义，集体智能指的是基于集体的智能。它是从许多个体的合作与竞争中表现出来的，是指若干独立个体的集合，是以其整体行为所表达出的智慧。它可以是人类的集体智能，也可以是动物的集体智能，甚至还可以是细菌的集体智能，它们都没有集中的控制机制。

"集体智能"这个名词在互联网出现前，早已存在于人类社会。"集思广益"，就是集中独立个体的智慧。现代社会人们早就知道通过调查问卷和各种普查方法来了解群体意识，并对数据进行统计、分析和预测。

互联网出现后，人类集体智能的规模和形式更是多样化。按规模来分，有个体集体智能、人际集体智能、成组集体智能、相邻集体智能；按地域来分，有城市集体智能、省级集体智能、国家集体智能、区域集体智能、国际组织集体智能和全人类集体智能；按形式来分，有活动集体智能、对话型集体智能、结构型集体智能、基于学习的进化型集体智能、基于通信的信息型集体智能、思维型集体智能、群流型集体智能、统计型集体智能和相关型集体智能等。这些不同的集体智能都是在特定范围内的群体中反映出来的智慧。

集体智能是大规模协作的产物，集体智能这座金矿是需要通过挖掘得到的。为了实现集体智能，要放松对社会资源的控制，通过合作来让别人分享想法和申请特许经营，使产品和服务获得显著改善并得到严格检验。

越来越多的企业和知识产品创造者、拥有者已经开始意识到，通过限制其所有的知识产权，会导致市场的萎缩，失去发展机会。分享知识产权则使得他们可以扩大自己的市场，并且能够更快地推出、完善知识产品。现代通信技术和现代交通技术的发展使现代企业都可以成为全球性企业和全球一体化的公司，它们可以不受地域限制，可以有全球性的联系，使他们能够挖掘到新的市场机会，获得新的理念和技术，从而能够更快地推出、完善知识产品。

集体智能系统一般是复杂的大系统。20世纪90年代以来，Agent技术与多Agent系统迅速发展，为构建大型复杂系统提供了良好的技术途径。将Agent技术和网格结构有机结合起来，则可研制出主体网格智能平台。它由底层集成平台、中间软件层和应用层等部分构成。该软件创建协同工作环境，提供知识共享和互操作，成为开发大规模复杂的集成智能系统良好的工具。

微博士

Agent 与多 Agent 系统

Agent 是一种具有智能的实体，指能自主活动的软件或者硬件实体。它可以是智能软件、智能设备、智能机器人、智能计算机系统甚至是人。通常是指一个具有自适应性和智能性的软件实体，以主动服务的方式完成一项工作。

多 Agent 系统是由多个自主或半自主的智能体组成，与单 Agent 相比，它具有社会性，可通过某种 Agent 语言与其他 Agent 实施灵活多样的交互和通信，实现与其他 Agent 的合作、协同、协商、竞争等。多 Agent 系统还具有自制性和协作性，各个 Agent 必须相互协作、协同、共同来完成任务。

3. "数字脚印" 与社群智能

互联网和社会网络服务的快速增长、智能手机的大量涌现和普及、全球定位系统接收器在日常交通工具中的逐步应用、静态传感设施的设置（如监控摄像头等在城市大面积部署），使得人们日常行为的轨迹和物理世界的动态变化情况都会被一一感知和记录，形成前所未有的规模、深度和广度的数字轨迹，即所谓"数字脚印"，通过对这些"数字脚印"进行分析和处理，逐步形成社群智能。

社群智能主要侧重于智能信息挖掘，实现多个多模态、异构数据源的融合。综合利用互联网与万维网、静态传感设施、移动及可穿戴感知设备，来挖掘"智能"信息。同时，分层次提取智能信息，利用数据挖掘和机器学习等技术从大规模感知数据中提取多层次的智能信息，包括个体级别个人情境信息、在群体级别群体活动及人际交互信息、社会级别人类行为模式、社会及城市动态变化规律等信息。

社群智能是个新兴的研究领域，社群智能的研究目的在于从大量的"数字脚印"中挖掘并理解个人和群体活动模式、大规模人类活动和城市动态规律，把这些信息用于各种创新性的服务，包括社会关系管理、人类健康改善、公共安全维护、城市资源管理和环境资源保护等，提高这些服务的水平和质量。

开展社群智能研究，为开发一系列创新性的应用提供了可能。从用户角度来看，它可利用社会关系网络服务来促进人与人之间的交流；从社会和城市管理角度来看，可实时感知现实世界的变化情况来为城市管理、公共卫生、环境监测等多个领域提供智能决策支持。

四、人工智能的智力

智力是指人认识、理解客观事物并运用知识、经验等解决问题的能力，包括记忆、观察、想象、思考、判断、推理等，可以看作是人的各种认知能力的综合。

人工智能的智力是机器智力，是机器认识、理解客观事物并运用知识、经验等解决问题的能力。机器智力是因人类智力活动而产生的，是人类智力发展的结果。从这个意义上说，人工智能是人类智力的发展和延伸。

1. 人工智能的智力水平

人的智力高低是可以测出的。智商（IQ），即智力商数，就是衡量个人智力高低的标准。第一个智力测试是由比奈-西蒙制定的比奈-西蒙智力量表，如今已经有几十种不同的智力测试方法。

有研究人员曾给人工智能开发了一套智商测试题，测试人工智能的智力水平。根据美国伊利诺伊大学一个研究小组完成的人工智能智力水平测试，他们发现，现在世界上最先进的人工智能系统在智力方面相当于普通两三岁儿童的水平。

智商测试只是衡量智力的一种手段，即使今日人工智能的智力只在两三岁儿童的水平，但它在某些方面的能力仍然遥遥领先于人类，比如计算的速度等等。但是，人工智能在推理和理解能力，特别是理解周围环境的能力及在"自我意识"这一特定领域，人工智能跟人类智能相比，仍然有一大段距离。

像人的智力水平提高一样，人工智能智力水平的提高需要获取知识。知识获取是构筑知识型系统的一个重大课题，但没有被充分研究。在20世纪60年代以前，大部分人工智能程序所需要的知识是由专业程序员手工编入的。当时较少直接面向应用的系统，故而知识获取问题还未受充分重视。

随着"专家系统"和其他知识型系统的兴起，人们认识到要提高人工智能的智力，必须对落后的知识获取方式进行改革，让用户在知识工程师或知识获取程序的帮助下，在系统的运行过程中直接逐步建立所需的知识库。

计算机获取知识的途径，一有借助于知识工程师从专家那里获取，二有借助于智能编辑程序或知识获取程序从专家那里获取，三有借助于归纳程序从大量数据中归纳以获取所需知识，四有借助于文本理解程序从教科书或科技资料中提炼出所需知识。

随着计算机获取知识途径的扩大及获取知识方法的改进，人工智能智力水平的提高及人工智能的突破速度已经非常快了。

微 博 士

智 商

智商概念是美国斯坦福大学心理学家特曼教授提出的。20世纪初，法国心理学家比奈和他的学生编制了世界上第一套智力量表，这套智力量表将一般人的平均智商定为100。而大数人的智商，根据这套量表，在85—115之间。

2. 人工智能比人类聪明吗？

人工智能比人类聪明吗？这个问题是近几年才提出的。2016年，谷歌公司研发的人工智能"AlphaGo"击败了李世石九段；2017年，"AlphaGo"又击败了柯洁九段。在震惊之余，有人思考：人工智能或许比人类聪明，或许真能挑战人的认知能力。

人工智能所以能挑战人的智能是因为机器在搜索、计算、存储、优化等方面具有人类无法比拟的优势。"AlphaGo"之所以能击败人类职业围棋界的代表人物，正是因为"AlphaGo"的计算能力和搜索、存储、优化本领是人类无法达到的，也是任何职业围棋手无法比拟的。

再看门禁闸机，它可以识别人脸，刷脸才可通过。几万人的公司，每个人它都认识，哪一个门卫、哪一个看门的人能够做到这一点？

门禁闸机做到的事，其实是人工智能图像识别技术做到的，是人工智能技术的具体应用。显然，人工智能的图像识别能力超过了人类。现在的机场安检需要比对身份证，人工智能的人脸识别技术完全可以使机场、车站的安检更加智能、方便。

2016 年 12 月，微软发布了"微软翻译 App"的一个现场翻译新功能，它可以支持 50 多种语言，实现最多 100 人以多种语言交流的实时翻译。来自不同国家、地区说着不同语言的人，拿着手机使用这个应用就可以互相交流。世界上哪一个人能够说这么多种语言？世界上哪一位同声翻译者能对那么多人、那么多种语言进行实时翻译？而且，"微软翻译 App"还在继续改进，它的实时翻译功能还在提高。显然，人工智能的语言能力超过了人类。

　　自然，人工智能离真正挑战人的认知能力，还需很长时间。因为目前人工智能在感知、推理、归纳、学习等水平和能力，还没有达到人类的水平。但要知道，无论是击败了人类职业围棋手的人工智能"AlphaGo"，还是"微软翻译 App"或门禁闸机，它们都是初级的弱人工智能。

　　人工智能是有学习能力的，它的智能是以指数级发展的。虽然，机器学习现在还发展缓慢，但是在未来几十年就会变得飞快。人工智能超过人类智能，只是时间问题。怪不得人工智能初创公司联合创始人兼首席科学家施米德胡贝说：人类会看到人工智能比自己更聪明的一天。

微博士

"AlphaGo"

　　"AlphaGo"，即阿尔法围棋。它是一款围棋人工智能程序，用上了许多人工智能新技术，如神经网络、深度学习、蒙特卡罗算法等，这些新技术使其能力有了实质性的飞跃，继而创造了击败人类职业围棋选手的纪录。

"AlphaGo"与李世石的人机大赛

3. 人工智能有没有创造力

在"AlphaGo"与李世石的人机大赛中，人工智能击败了人类职业围棋界的代表人物，人们就开始思考：人工智能有没有创造力？

因为，人工智能熟悉棋谱，但棋谱只在开头有用，通过棋谱训练棋感，而后棋手就不需要棋谱了。人工智能可以通过自己与自己对弈提高棋艺。现在，"AlphaGo"已经超过人类了，它的开发团队宣布了新的计划，就是彻底放弃棋谱，开头也不用棋谱，让人工智能完全通过自己与自己对弈来演化。也就是说，使其通过自身的创造力击败对手。

那么，对于其他的人工智能，如果一直使用数据输入，会不会有创造力呢？

人类获得知识有三种途径，直接经验、间接经验和自身学习。直接经验就是亲身经历，从感官直接获得信息，然后经过大脑提取，整理出知识。这与现在的人工智能很像，灌入其大量的数据，提取特征，找出分类。只不过目前的人工智能模型效率和灵活性很低，导致许多人并不高看人工智能的学习过程。

要是人工智能只专注地做同一件事，便会有在围棋上战胜人类的"AlphaGo"，有了能分辨几亿张人脸的识别系统，以及能自动定价的电子商务、能自动推荐的广告、能自动写文章的人工智能系统。应该说，这些就是人工智能有创造力的表现。

现在人工智能技术的发展，使得今后的人工智能具备知识图谱，极有可能会掌握常识、推理等能力。那时，人类能直接看到它的创造力，比如有智慧地聊天、聪明地查询，人工智能将更具人性化、更体贴，也更有创造力。

五、人工智能的未来

施米德胡贝曾经向媒体表示，人工智能终有一天会比人类更聪明，但人类没有理由担心这项技术。也有人工智能专家始终警告人类，要警惕人工智能。这些专家认为，人工智能的危险远远超过核弹头。

到底谁说得对？人工智能未来将向何处发展？

1. 人工智能会不会是人类最后的发明

人工智能技术的飞速发展，使得机器在搜索、计算、存储、优化等方面具有人类无法比拟的优势。未来，计算机主导的人工智能将比我们聪明得多。于是，有人提出人工智能可能会是人类最后的发明，超人类人工智能或许会夺走我们所有的工作和资源，最终将会接管世界，人类则会走向灭亡。

这种观点的提出依据的是以下五个基本假设：一是人工智能在一些方面已经开始超越人类，而且正在以指数级的速度发展。二是现在的人工智能技术，可以开发出像人类一样的通用人工智能。三是人们可以把人类的智能集成在硅片上。四是人工智能可以无限强化。五是一旦开发出超级人工智能，它就可以代替人类做许多事情，世界上多数问题可以解决，所以，不能排除超级人工智能最终将会接管世界。

2017 年 12 月 3 日，第四届世界互联网大会在乌镇开幕，在人工智能分论坛上，来自世界各地的互联网领军人物及专家学者就人工智能的未来众说纷纭。

孙正义说：到 2040 年，全球机器人数量将达到 100 亿个，超过人类人口，奇点到来。而且机器人的智力会大幅前进，有可能会超越人类，到那时，人类社会将发生巨大变化。

霍金曾对人工智能的发展给出警告：人工智能的崛起可能是人类文明的终结。他还认为：生物大脑和计算机在本质上是没有区别的。

马云说："三十年以后，《时代杂志》的封面将很有可能是一个机器人。"因为，"机器人的运算速度将远超人类，而且不会被情绪所影响，比如它们不会对对手感到愤怒。这可能会导致人类在接下来的三十年幸福感减少，取而代之的则是更大的痛苦"。所以，他主张"机器应该只做人类不能做的事"。

李彦宏说："人工智能真正挑战人的认知能力，还需要很长时间，甚至是不可能的。但当它能够逼近人类的时候，就会逐渐颠覆各个行业。"

同样，苹果公司联合创始人沃兹尼亚克称，他并不担心人工智能。其中一个原因是，摩尔定律并不会让这些机器人智能化到像人类那样思考。另一个原因是即使机器人的思考能力超过人类，它们也无法拥有像人类那样的直觉，知道自己下一步该做什么以及采用什么样的方法来做。它们是无法明白这类事情的。

人工智能究竟会如何发展？人类将如何面对自己的智力无可避免地被机器超越？人类还有什么是机器无法超越的？这是值得人类认真思考的问题。

微博士

世界互联网大会

世界互联网大会是由中国倡导并举办的世界性互联网盛会，旨在搭建中国与世界互联互通的国际平台和国际互联网共享共治的中国平台，让各国在争议中求共识、在共识中谋合作、在合作中创共赢。第一届世界互联网大会于 2014 年 11 月 19—21 日在浙江乌镇举行，至今已举办六届。第四届世界互联网大会于 2017 年 12 月 3—5 日在浙江省乌镇举行，以"发展数字经济　促进开放共享——携手共建网络空间命运共同体"为主题。第五届世界互联网大会于 2018 年 11 月 7—9 日举行，大会以"创造互信共治的数字世界——携手共建网络空间命运共同体"为主题。第六届世界互联网大会于 2019 年 10 月 20—22 日举行，大会主题为"智能互联开放合作——携手共建网络空间命运共同体"。

2. 人工智能的发展方向

施米德胡贝认为，人工智能研究的目标应该是通过让人类活得更长久、更健康、更快乐以改善人类生活。

如今实验室里的人工智能，已经能够创造自己的目标，而不只是盲目模仿人类告诉它们的东西。如果说有什么顾虑的话，那就是人类应该担心与自己相似并拥有共同目标的群体。

现代人工智能如今最核心的一项技术是深度学习，它的应用领域很广，代表了人工智能的一个发展方向。

2017 年 3 月，作为政协委员的李彦宏提交了三个提案：第一个提案是用人工智能技术来解决儿童走失的问题。第二个提案是用人工智能技术变换交通信号灯。第三个提案就是人工智能和各个行业的结合。这三个提案基本上都是跟人工智能有关。在李彦宏看来，将来影响最大的人工智能应用在自然语言理解方面，这是跟实体经济结合最紧密、最容易结合的领域。为什么我们去学机器、学工具？不是机器来学人？自然语言理解就可以解决这个问题。

针对机器会威胁人类、人工智能会带走很多工作的担心，马云表示："我相信机器会让人的工作更有尊严、更有价值、更有创造力。过去三十年，我们把人变成了机器；未来三十年，我们将把机器变成人，但是最终应该让机器更像机器、人更像人。"

技术的趋势不可阻挡，但是机器没有灵魂、机器没有信仰，人类有灵魂、有信仰、有价值观，人类有独特的创造力，人类要有自信，相信我们可以控制机器。与其担心技术夺走就业，不如拥抱技术，去解决新的问题。我们正在迎来新时代、新机遇，数字经济将重塑世界经济，世界经济将会有新的模型。

今日人工智能取得的成果是前十几年我们完全想不到的，人工智能已进入高速发展的"黄金时代"。

人工智能技术的发展，除了以商业应用为导向的研究外，基础研究领域的科学家也正在尝试从混合智能的途径推动人工智能的进步。这种混合智能将生物智能和机器智能互联互通，以创造性能更强的智能形态，这种形态既有人类智能体的环境感知、记忆、推理、学习能力，也有着机器智能体的信息整合、搜索、计算能力。这样，可以实现通用人工智能。

有专家认为，未来5—10年，感知方面的人工智能会快速发展到能够和人类智能相匹敌的程度，计算机语音、视觉甚至会超过人。而从更长期来看，每一个商业应用都可能会被人工智能改头换面。

微博士

通用人工智能

通用人工智能（AGI，即 Artificial General Intelligence），是计算机科学与技术专业用语，为了与传统人工智能或主流人工智能相区分，故此增加"通用人工智能"一词。

第三章　人工智能技术

人工智能之所以有智能，是因为人类创造的人工智能技术使人工智能有智能，使它变得聪明起来，甚至在某些方面比人类更聪明、更有智慧，真是"青出于蓝胜于蓝"！人类有理由为它感到骄傲。

人工智能技术有哪些？什么是人工智能的核心技术？

一、计算机怎么"懂人话"

实现人工智能技术的机器是计算机，计算机是人工智能的物质基础。

"人话"是人类的自然语言，人类智能是通过自然语言能力来表现的。自然语言在教学系统中具有重要作用，教师上课、学生回答问题，都是通过自然语言实施的。

计算机也有自己的语言，那是人类为它创造的计算机语言，要让计算机懂"人话"，就要让计算机具备理解和产生自然语言的能力。这样，人类才能和它进行交流，计算机才能为人类做需要它做的事。

1. 怎样让计算机具备理解和产生自然语言的能力

要让计算机具备理解和产生自然语言的能力，首先要了解人类的自然语言理解和产生机制。

人类自然语言的产生机制，是生理学家、心理学家、语言学家、哲学家、计算机科学家等长期以来研究的一个领域。所谓自然语言，就是指汉语、日语、英语这些我们平时使用的语言。自然语言处理，就是机器对自然语言的处理。不同学科的专家都研究出了一套自己领域内自然语言处理的方法。

语言学家研究语言本身的结构，考虑为什么特定词语的组合能形成句子而其他的词语组合则不能，为什么一个句子可能具有某种意义而不是另外一种意义。计算机科学家用现有的计算机技术——主要是程序和算法来模拟人脑神经网络的结构和功能，其特征是并行计算、容错性、学习能力。语义蕴涵于网络结构中，而不是一串串的符号中，出现了应用于句子的语法和语义分析、语音和光学符号识别等领域。但是，因为人工神经网络仍然依赖于传统的串行计算机的算法模拟，应用范围比较有限。

概率统计方法出现于20世纪60年代，分析语料库中的数据，以便从中获取信息。它借助于对语料库中词汇的概率分析，而不是依靠事先规定好的语法规则，实现对语句的语法分析。概率统计方法曾广泛应用在语音和光学（如手写体、印刷体）的识别上，20世纪80年代以后，随着计算机运算能力的大幅度提高而得到一定程度的应用。

符号分析方法是迄今为止应用最广泛和最成功的一种自然语言处理方法。符号分析主义的核心思想是：语义蕴涵于符号之中。符号分析方法的里程碑是乔姆斯基的产生式语法体系。按照乔姆斯基的说法，产生式意味着这个语法应该能够结构性地描述和产生一种自然语言中的所有表达式。乔姆斯基语法体系不仅是现代语言学的一个重要基础，也是当代理论计算机科学和计算语言学的一块重要基石。

微博士

符号学

符号学是研究符号的学说，是研究事物符号的本质、符号的发展变化规律、符号的各种意义以及符号与人类多种活动之间的关系。符号包括文字符、讯号符、密码、古文明记号、手语等。人文科学学科的进步，促进了符号学的发展，现代语言学是符号学获得理论构架和研究方法的主要依据，而文化人类学为符号学提供了部分研究对象。符号学也从哲学中吸收了有关内容。

2. 语言处理的难题和突破

用自然语言进行交流，不论是以文字的形式还是以交谈的形式，都非常依赖于参与者的语言技能、感兴趣的领域知识和领域内的谈话预期。理解语言不仅仅是对文字的翻译，还需要推测说话人的目的、知识、假设以及交谈的上下文语境。

自然语言处理的难题和障碍可归结为三点：模糊性问题、词义消歧问题、词语省略与语言行为的问题。从信息检索到对话系统，几乎所有的应用领域都面临着这三大难题。由于技术限制，无法为机器提供充足而大量的语言知识和世界知识信息，成为计算机知识获取的瓶颈，由于科学技术发展，特别是随着"大数据时代"的到来，计算机能够从大量的语言数据中提取信息。在当今社会，到处都充斥着大量的语言信息数据，如网页或社交媒体中积攒的语言信息，或在呼叫中心和电子商务网站收到的许许多多的问题与意见，还有让研究人员都目不暇接的科技论文和科技信息。这些庞大的信息都可以为计算机所用。目前，这样的技术已经被研发出来并被投入市场进行实际应用，如信息检索、信息抽取、问答系统、文本挖掘、自动归纳、机器翻译等。

笼统地说，模糊性问题已经基本得到了解决，词义消歧问题解决了一部分，词语省略与语言行为的问题则进展不大。对话系统的进步之所以困难，就是因为很大程度地牵扯到了词语省略与语言行为的问题。

语言行为解析是一种高水平的语言理解能力。要做到这一点，需要有广泛的常识性知识作支撑。大型知识库的出现有助于解决语言行为的解析问题。掌握了大型知识库，这个问题便解决了一部分。现代技术发展，使得计算机逐渐可以做到从大规模语言数据中自动抽取各领域知识来构建庞大的知识库。这种知识库以语言数据中的大量知识为支撑，并整合了各大数据库，规模庞大，内容丰富。未来十年内，机器说不定就可以自主运用各种知识进行推导，从而读懂语言行为。

3. 语音识别技术

语音识别技术主要包括特征提取技术、模式匹配准则及模型训练技术三个方面。其中，最基础的就是语音识别单元的选取。

语音识别研究的基础是选择语音识别单元。语音识别单元有单词（句）、音节和音素三种，具体选择哪一种语音识别单元由具体研究任务的类型决定。特征提取技术就是对语音信号进行分析处理，把丰富的语音信息中的冗余信息去除，获得对语音识别有用的信息。模式匹配及模型训练技术在孤立词语音识别中获得了良好性能，但是存在对大词汇量以及连续语音识别的不准确。

语音识别技术还没有取得突破性进展，它存在以下难点：

一是语音识别系统的适应性差。主要体现在对环境依赖性强，即在某种环境下采集到的语音训练系统只能在这种环境下应用，否则系统性能将急剧下降；另外一个问题是对用户的错误输入不能正确响应，使用不方便。

二是高噪声环境下语音识别进展困难。因为人的发音变化很大，如声音突然变高、语速变慢、音调及共振峰变化等，必须寻找新的信号分析处理方法。

三是语言学、生理学、心理学方面的研究成果如何量化、建模并用于语音识别仍待研究。然而，语言模型、语法及词法模型在中、大词汇量连续语音识别中是非常重要的。

四是目前对人类的听觉理解、知识积累和学习机制以及大脑神经系统的控制机理等方面的认识还很不清楚。把这些方面的现有成果用于语音识别，还有一个艰难的过程。语音识别系统从实验室演示系统到商品的转化过程中还有许多具体问题需要解决。

为了解决这些问题，研究人员提出了各种各样的方法，如自适应训练，基于最大交互信息准则（MMI）与最小区别信息准则（MDI）的区别训练和"矫正"训练，应用人耳对语音信号的处理特点以分析提取特征参数，应用人工神经元网络等，这些努力取得了一定成绩。不过，要大幅提高语音识别系统性能，就要综合应用语言学、心理学、生理学以及信号处理等各门学科的有关知识，只用其中一种是达不到大幅提高语音识别能力的。

微博士

语音识别技术

语音识别技术是将人类语音中的词汇内容转换为计算机可读的输入信息，例如按键、二进制编码或者字符序列。语音识别技术的应用包括语音拨号、语音导航、室内设备控制、语音文档检索、简单的听写数据录入等。语音识别技术与其他自然语言处理技术如机器翻译及语音合成技术相结合，可以构建出更加复杂的应用，例如语音到语音的翻译。

4. 机器翻译技术

1949 年，美国人威弗首先提出了机器翻译设计方案。20 世纪 60 年代，国际上对机器翻译曾有大规模的研究工作，耗费了巨额费用。主要的做法是存储两种语言的单词、短语及对应语言译法的大辞典，翻译时一一对应，技术上只是调整语言的词条顺序。但日常生活中语言的翻译远不是如此简单，很多时候还要参考某句话的前后语境。

人们当时显然是低估了自然语言的复杂性，语言处理的理论和技术均不成熟，所以进展不大。随着机器翻译理论和计算机技术的进步，机器翻译研究突破了之前的规则、突破了实例翻译方法的限制。还由于深度神经网络的机器翻译在日常口语等一些场景的成功应用，使得机器翻译性能取得巨大提升。

现在，机器翻译中的一种常见的做法是将语言的翻译分为"原语言的理解"和"所理解的语言表达成目的语言"两个子过程。这样就出现了一种中间语言，只要做好原语言到中间语言以及中间语言到目的语言的转换程序，就可以完成翻译。这种办法还容易实现一种语言到多种语言的翻译系统。

到现在为止，西方语系一些语言之间的互译技术已经比较成熟，双向翻译辅助系统准确性比较高。不过，机器翻译完后，还要人类对译文稍做修改。汉语与其他语言的互译水平还不太高，其中与英语的互译水平稍微高一些。主要是对汉语的形式化研究还不够，特别是汉语与西方语言不是一个语系，翻译起来难度较大。

机器翻译离达到"自然的理解和表达"这个最终目标还有相当大的距离。目前所能做到的仍然是人工辅助型的翻译系统，即靠人对翻译的结果进行修正，来获得自然的翻译。

微博士

机器翻译

机器翻译是指利用计算机技术实现从一种自然语言到另外一种自然语言的翻译过程。机器翻译的过程可以分为原文分析、原文译文转换和译文生成三个阶段。根据不同方案的目的和要求，可以将原文译文转换阶段与原文分析阶段结合在一起。机器翻译是计算语言学的一个分支，是人工智能的终极目标之一，具有重要的科学研究价值。机器翻译具有重要的实用价值，在促进政治、经济、文化交流等方面起到越来越重要的作用。

二、学习，学习，再学习

学习是人类具有的一种重要智能行为，机器想要拥有智能也需要学习。机器学习是专门研究计算机怎样模拟或实现人类学习行为的学科，它是人工智能研究的一个重要组成部分。机器学习是使机器在不断重复的工作中增强或者改进本身能力，使得系统在下一次执行同样任务或类似任务时，比现在做得更好或效率更高。这样，人工智能的应用遍及到各个领域。

1. 机器学习的关键因素

机器学习就是利用数据让自己变得更聪明的演算法，它是人工智能研究的一个重要组成部分，可以说是人工智能的核心。它使计算机具有智能，能够重新组织已有的知识结构，使之不断改善自身的性能。这样，人工智能的应用遍及到各个领域。

机器学习是要在"大数据"中寻找一些"模式"，然后在没有过多人为解释的情况下，用这些模式来预测结果。要实现机器学习有三个关键因素：

首先，机器学习需要数据——大量的数据。为了教授人工智能新的技巧，需要将大量的数据输入到模型，用以实现可靠的输出。产生大量的数据输入是需要通过传感器来实现的。蓝牙信标、健康跟踪器、智能家居传感器、公共数据库等只是越来越多通过互联网连接的传感器中的一小部分。这些传感器可以生成大量数据，通过人工方法是无法处理这么多数据的，而人工智能中的机器学习需要大量的数据。

第二，机器学习需要算法，它使用算法可以对混乱的数据进行排序、切片并转换成可理解的见解。从数据中学习的算法有两种：无监督算法和有监督算法。无监督算法只处理数字和原始数据，因此没有建立起可描述性标签和变量。该算法的目的是找到一个人们没想到的内在结构。有监督算法通过标签和变量，知道不同数据集之间的关系，使用这些关系来预测未来的数据。

第三，机器学习需要从计算机科学实验室进入到软件当中，提高嵌入式机器学习或与提供它的服务紧密结合的能力。

机器学习要将数据进行归纳，从而得出规则。比如在辨识文字的时候，不是将"1"的特征以规则的形式罗列出来，而是将多种"1"的图像进行归纳，从而推导出这一文字的特征。机器学习要适用于所有种类的数据，所以，机器学习与数据种类多样化的"大数据"非常契合。

机器学习在实际的处理数据过程中，大致分两个步骤：一是将对象数据转换为数学抽象结构；二是对得到的抽象结构进行解析。机器学习并不直接以图像或文字等为处理对象，而是先将其转换为抽象表现形式，即经过一种被称为"特征提取"的步骤。之后就可以不受数据种类的限制，可以对所有数据用同一种解析方法来进行处理。

由于特征提取需要手动设定相关条件，这就要求工作人员具备对象数据或相关领域的专业知识。

微博士

机器学习

机器学习是专门研究计算机怎样模拟或实现人类学习行为以获取新的知识或技能的一门学科。机器学习是一门人工智能的科学，也是人工智能的核

机器学习

心，是使计算机在经验学习中改善具体算法的性能、能够重新组织已有的知识结构，达成不断改善自身性能的目的。

2. 机器学习分类

机器学习是一门涉及诸多领域的交叉学科，研究计算机怎样模拟或实现人类的学习行为以获取新的知识或技能，重新组织已有的知识结构使之不断改善自身的性能，是人工智能技术的核心。

根据学习模式、学习方法以及算法的不同，机器学习存在不同的分类方法。

根据学习模式不同，机器学习可分为监督学习、无监督学习和强化学习等。

监督学习是利用有标签训练样本，通过某种学习方法建立一个模型以实现对新数据标记（分类）。监督学习要求训练样本的分类标签已知，分类标签精确度越高，样本越具有代表性，学习模型的准确度越高。

无监督学习是利用无标记的有限数据描述隐藏在未标记数据中的规律，它不需要训练样本和人工标注数据，便于压缩数据存储、减少计算量、提升运算速度，还可以避免正、负样本偏移引起的分类错误问题。

强化学习是智能系统从环境到行为映射的学习，由于外部环境提供的信息很少，强化学习系统必须靠自身的经历进行学习，强化学习的目标是使智能主体选择的行为能够获得环境最大的奖赏，使得外部环境对学习系统在某种意义下的评价为最佳。

根据学习方法和策略不同，机器学习可分为：机械学习、示教学习、类比学习、示例学习和集成学习。机械学习就是记忆，是最简单的学习方法和策略，外界输入知识的表示方式与系统内部的表示方式完全一致，不需要任何处理与转换。由于计算机的存储容量大，检索速度快，而且记忆精确、无丝毫误差，所以也能产生人们难以预料的效果。示教学习中，外界输入知识的表达方式与内部表达方式不完全一致，系统在接受外部知识时需要进行推理、翻译和转化工作。

无监督学习

无监督学习是机器学习中的一种模式，所运用的方法是对数据性质进行解析。无监督学习经常用于把握数据的整体趋势，如将数据整合成簇，也可以为得到的簇添加注释，但由于机器并没有被赋予具体的条件和标准，所以有时结果并不尽如人意，或是很难加以解释。无监督学习通常用于处理未被分类标记的样本集。

3. 深度学习和神经网络

深度学习的概念来自人类大脑中的神经网络，其基础是人工神经网络，深度则体现在神经网络的层数以及每一层的节点数量。传统的神经网络最多只包含三个层次，结构的简单决定了它能够运行的功能相当有限。深度学习采用由包括输入层、多个隐藏层和输出层组成的多层网络，这种分层结构学习并模仿了人类大脑的核心结构特征。

1958年，美国两位神经生物学家发现了视觉系统的信息处理方式：可视皮层是分级的，一旦瞳孔受到某种特定的刺激，后脑皮层的某些特定神经元就会活跃。这一发现使这两位神经生物学家获得了1981年度诺贝尔医学奖。这一发现不仅在生理学上具有里程碑式的意义，更激发了人们对于神经系统的进一步思考，促成了人工智能在四十年后的突破性发展。

人工智能中的深度学习在功能上受启于大脑视觉系统中感受视野特征的方式。在深度学习中，这个过程利用多个隐藏层进行模拟：第一个隐藏层学习到的是"边缘"的特征，第二个隐藏层学习到的是由"边缘"组成的"形状"的特征，第三个隐藏层学习到的是由"形状"组成的"图案"的特征，最后的隐藏层学习到的是由"图案"组成的"目标"的特征。

深度学习的优势是克服了浅层学习的弱点，通过深层非线性网络结构，展现出强大的从少数样本集中学习数据、具备集本质特征的能力。学习特征的过程可以被视为特征空间变换的变换过程，通过逐层特征变换，将样本在原空间的特征表示变换到一个新特征空间。这样的变换能够有效去除不同特征之间的相关性，从而使分类或预测更加容易。

深度学习的另一个优势是能够从海量数据中进行特征的自动提取，可以从"大数据"中自动学习特征的表示，其中可以包含成千上万的参数。手工设计出有效的特征是一个相当漫长的过程，而深度学习可以针对新的应用从训练数据中很快学习得到新的有效的特征表示。

深度学习虽然通过特征的自动提取，将人从手工特征设计中解放出来，但目前在神经网络架构中，网络层数、每层神经元的种类和个数、训练算法参数等超参数可能对学习结果有着决定性的影响。这些超参数的设置和调节，仍然高度依赖人的经验，自动网络结构学习和超参数调节是深度学习从技术走向科学的必由之路。

此外，深度学习从原始自然信号中提取特征完成任务的过程是个"黑匣子"，缺乏可解释性，类似哺乳动物的低级认知功能。如何把深度学习过程和人类已经积累的大量高度结构化知识融合，发展出逻辑推理甚至自我意识等人类的高级认知功能，是下一代深度学习必须解决的核心理论问题。

微博士

神经网络三要素

大多数神经网络都具备以下三个要素：最小的计算单位，即神经元，通常以层为单位进行分类；将神经元连接在一起的网络；学习演算法，神经元将上一层神经元传递过来的输入数据相加求和，并通过活化函数得到输出值，这一输出数据又成为下一层神经元的输入数据。大多数情况下，神经网络学习就是求和过程的最优化。

提高神经网络精度的关键在于增加层次的深度，构建"有深度"的网络构造，同时，寻求与硬件之间的亲和性。

三、人工智能的发动机

引擎，即发动机，是汽车、飞机等交通工具的动力源。搜索引擎是在互联网上查找信息的工具，用于完成收集、组织和检索互联网信息并将检索结果反馈给用户的一系列操作。人工智能的发展需要动力，需要发动机源源不断地向它提供发展所需要的动力。

搜索引擎就是为人工智能发展提供动力的发动机，智能搜索引擎更会加速人工智能的发展。

1. 搜索引擎是怎样工作的

大型互联网搜索引擎的数据中心一般运行数千台甚至数十万台计算机，每天还要向计算机集群里添加数十台机器，以保持与网络发展的同步。它们自动搜集网页信息，满足数千万甚至数亿用户的查询请求。

搜索引擎是怎样工作的？

完成信息搜索引擎的任务需要两个过程：一是服务方对网络信息资源进行搜索、分析和标引的过程，该过程称作信息标引过程；二是当用户方提出检索需求时，服务器方搜索自己的信息索引库，然后发送给用户的过程，该过程称为提供检索过程。

信息标引过程是服务方对信息资源进行整理排序的过程，采用两种方式：一种是网络自动漫游方式，由计算机程序自动去搜索资源；另一种是友情推荐方式，由信息发布方或者用户将有用信息的网络地址填入搜索清单，然后再由机器程序对指定地址进行搜索。

提供检索的过程就是服务方根据用户检索需求表达式来进行查找与输出结果的过程，它建立在对网络信息标引的索引库与文摘库之上。

为了完成上述两个过程中的工作任务，搜索引擎一般需要以下四个部件构成：

（1）搜索器。它是一个遵循一定协议的计算机程序，日夜不停地运转，用以在互联网中漫游、发现和搜集信息。它要尽可能多、尽可能快地搜集各类信息，同时，还要定期更新已经搜集过的旧信息，保证检索结果的质量。

（2）索引器。用于理解搜索器所搜索的信息，从中抽取出索引项，用于表示文档以及生成文档的索引表。索引器在建立索引时，一般会给出一个等级值，并按等级从高到低的顺序把搜索结果送回到用户的浏览器中。

（3）检索器。其功能是根据用户输入的关键词在索引器形成的排表中进行查询，同时完成页面与查询之间的相关度评价，对将要输出的结果进行排序，并实现某种用户相关性反馈机制。检索器使用各种不同检索模型和使用方法，为用户提供所需的信息，达到最佳的检索效果。

（4）用户接口。其作用是输入用户查询，显示查询结果，提供用户相关性反馈机制。

微博士

万维网

万维网，英文全称为 World Wide Web（WWW），它是一个由许多互相链接的超文本组成的系统，通过互联网访问。

互联网搜索引擎的数据中心

2. 各种各样的搜索引擎

作为在互联网上查找信息的工具搜索引擎，有不同类型。一般网络用户经常在网络上用到搜索工具，按其工作方式的不同通常分为以下三类：

全文搜索引擎，这是一种名副其实的搜索引擎。它们从互联网提取各个网站的信息（以网页文字为主），建立起数据库，并能检索与用户查询条件相匹配的记录，按一定的排列顺序返回结果。

分类目录搜索引擎，它的数据库是依靠专职编辑或志愿人员建立起来的。他们在访问了某个网页站点后撰写一段对该站点的描述，将其归为一个预选分好的类别中，当用户查询某个关键词时，搜索软件只在这些描述中进行搜索，便会在目录中查找相关的站名、网址和内容提要，将查到的内容列表发送过来。

元搜索引擎，它通过一个统一用户界面帮助用户在多个搜索引擎中选择和利用合适的搜索引擎来实现检索操作。它接受用户查询请求后，同时在多个搜索引擎上搜索，并将结果经过整理再以应答形式传送给实际用户。著名的元搜索引擎有 InfoSpace、Dogpile、Vivisimo 等，中文元搜索引擎中具代表性的是搜星搜索引擎。

经过多年的发展之后，搜索引擎已经取得了令人瞩目的成就。现在的搜索引擎功能越来越强大，提供的服务也越来越全面，它们的目标是把自己发展成为用户首选的互联网入口站点，而不仅仅是提供单纯的查询功能。

现在，各种搜索引擎不断走向融合，例如：有将全文搜索引擎和分类目录搜索引擎相结合的搜索引擎，结合了上述两种的优点，使用户使用起来更加方便。它既提供全文搜索方法，也提供分类目录。这种混合搜索引擎中的目录通常质量比较高，用户可以从那里找到很多有用的网站。

搜索引擎的另一个走向是提供多样化和个性化的服务，出现了专题性搜索引擎，它为本专业、本学科的专业人员与研究人员服务，使搜索结果更精确，相关性更高。

微博士

搜索引擎的分类方法

搜索引擎的分类方法很多，除了按其工作方式不同分类外，还有按照自动化程度分为人工与自动引擎，按照是否具有智能功能分为智能与非智能引擎，按照搜索内容分为文本搜索引擎、语音搜索引擎、图形搜索引擎和视频搜索引擎等。

3. 搜索引擎的发展方向

随着互联网技术，特别是移动计算、社会计算和云计算等技术的成熟和发展，搜索引擎向着智能搜索、移动搜索、社区化搜索、微博搜索和云搜索等多个方向发展。

在浩瀚的信息海洋中，人们只有依靠搜索引擎才能迅速找到所需的信息。

放在用户面前的有许许多多的搜索引擎，有综合搜索，有知识搜索，有商业搜索，有软件搜索。依靠单一的搜索引擎不能完全提供用户需要的信息，因此需要一种能把各种搜索引擎无缝地融合在一起的搜索引擎，智能搜索就这样诞生了。

智能搜索是依靠智能搜索引擎来实现的，其主要特征是智能化，大大降低了人工搜集信息的难度，随着分布式处理技术的发展，大大提高了信息采集的速度。同时，智能搜索引擎具有跨平台工作和处理多种混合文档结构的能力，它既能处理超文本标志语言，又能处理通用标志语言标准、扩展标志语言文档和其他类型的文档。智能搜索引擎还具有较高的召回率和准确率，召回率是指一次搜索结果集中符合用户要求的数目和用户相关查询的总数之比；准确率是指一次搜索结果集中符合用户要求的数目与该次搜索结果总数之比。此外，智能搜索引擎支持多语言搜索，允许用户用中文输入查询英文内容或其他语言内容。

移动搜索指用手机或个人所专有的手持设备进行的信息搜索。随着我国手机网民在总体网民中的比例进一步提高，包括手机在内的手持设备搜索将成为未来搜索引擎发展的重要方向。由于手机和手持设备本身屏幕小、运算能力有限，又需要对传统的互联网资源进行重新整合，以便用户更便捷地加以利用，这一整合工作往往需要搜索引擎协助用户完成，这又对搜索引擎技术尤其是用户交互技术的发展提出了挑战。

社区化搜索是随着社会网络服务站点的迅速崛起、中国网络交友人群规模庞大、传统搜索引擎面临的信息质量较低或难以直接提供答案等挑战性问题而出现的。社区化搜索提出在搜索的过程中融合人的因素，用户提出查询后，系统提供的好友关系寻找其好友群体中最适合回答该问题的用户，再提供必要的搜索工具协助该用户回答问题。由于在传统的搜索流程中添加了人的因素，因此可以大大提升搜索质量，并增加用户对系统的信任度和黏性。现在，社区化搜索产品还停留在概念阶段。随着经验积累，社区化搜索在不久的将来有望从概念走向现实应用。

微博搜索与传统搜索引擎以完全不同的形态存在。在新闻和突发事件的时效性方面，微博的效率和传播速度远超传统媒体。在搜索的简便性上，微博有一个潜在的优势，微博拥有自媒体平台，自媒体丰富了每个热门事件的角度和深度。这就使得微博搜索可以做得更新、更全面。由于微博的信息量很小，微博搜索结果呈现的方式更直接，不需要再点进某网站内进行浏览，实现了"所搜即所得"。虽然，微博搜索是碎片搜索，但碎片化信息的整合也必将给微博搜索带来大量机会。

云搜索是通过云搜索引擎提供信息服务的，它不通过独立收集、存储海量规模数据的方式提供搜索服务，而是提供一个容纳互联网中垂直与通用搜索资源并加以整合的提供给用户使用的服务框架。云搜索包括搜索资源发现、用户需求深度理解、搜索资源管理和信息资源整合等关键技术模块，并以此提高用户服务质量。尽管云搜索从原理上能够为用户提供更优质的搜索服务，但由于其特殊的服务提供形式，导致其技术与产品发展需要借助互联网桌面产品的发展经验。同时，云搜索技术面临的用户需求理解、搜索资源管理等技术挑战也是制约其能否破茧而出的重要因素。

微博士

智能搜索引擎

智能搜索引擎是利用自主活动的软件或者硬件实体的强大功能，利用它拥有分词技术、同义词技术、概念搜索、短语识别以及机器翻译技术等，使得信息检索从基于关键词层面提高到基于知识（概念）层面，实现网络搜索的系统化、高效化、全面化、精确化和完整化，并实现智能分析和评估检测的能力，使得智能搜索引擎具有信息服务的智能化和人性化特征，为网络用户提供更方便、更确切的搜索服务。

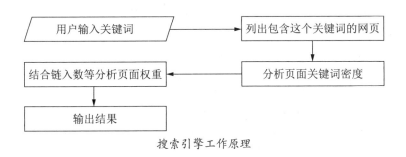

搜索引擎工作原理

四、机器怎样识别生物特征

你是谁？你的身份是什么？

这是人们日常生活中常常遇到的问题。传统的身份识别方法是要随身携带各种表明身份的证件，如身份证、工作证、学生证等。随着网络与通信技术的飞速发展和人类物理与虚拟活动空间的不断扩大，现代社会对于人类自身身份识别要求准确、安全与方便，传统的身份识别方法不能满足这种要求。

人类必须寻求更为安全可靠、使用方便的身份识别新途径。生物特征识别技术应运而生，它是让机器识别人的生物特征，利用他的生物特征证明他的身份。这是 IT 产业的重要革新，是人工智能技术在个人身份认证方面的应用。

1. 什么是生物特征识别技术

在现代社会生活中，在进行身份识别时，常遇到这样的尴尬场面：人就在面前，却由于证明其身份的证明，如身份证、户口簿、工作证、学生证、社保卡等未随身携带，不能确定其身份。人既然在场，为什么还要用身外的一些事物来证明他的身份，为什么不能用他自己来证明呢？

生物识别技术就此应运而生！

生物特征识别技术是指通过人体生理特征或行为特征对人体身份进行识别、认证的技术。

生物识别技术怎样对个人身份进行识别呢？

从应用流程看，生物特征识别通常分为注册和识别两个阶段。

注册，即通过传感器对人体的生物表征信息进行采集，如利用图像传感器对人体的指纹和人脸等光学信息进行采集。通过录音机对人体的声学信息进行采集，利用数据预处理及特征提取技术，对采集的数据进行处理，得到相应的特征信息进行存储。

识别，即通过采用与注册过程一致的信息采集方式对待识别人进行信息采集。同样利用数据预处理和特征提取技术，对提取的特征与存储的特征信息进行比对分析，完成识别。

从应用任务看，生物特征识别一般分为辨认与确认两种任务。

辨认，是指从数据库存储的海量信息中，找到所需要的个人信息，确定待识别人身份。辨认过程要与存储数据库中的身份特征逐一进行比较，从中确定待识别者的身份，这种方式由于是一对多的比较，实时性与存储数据库中的特征模板排序有关，平均搜索长度为存储数据库种类的一半，查找速度与库的大小有关。

确认，是指将待识别人信息与存储数据库中特定单人信息进行比对，确定待识别人身份的过程，是一对一的问题。这种方法速度快，可以获得不同精度级别的认证。

2. 生物特征识别方法

生物特征识别是利用人体固有的生理特征或行为特征来进行个人身份的鉴别认证，由于人的生物特征种类多，有人体固有的生理特征，如人脸、指纹、虹膜、静脉、视网膜等，也有后天形成的行为特征，如签名、笔迹、声音、步态等，所以相应的生物特征识别方法很多，常用的生物特征识别方法有以下几种：

（1）指纹识别，通过分析指纹的全局特征和局部特征来区别不同的人。这是一种常用的生物特征识别方法，并经过了实际应用检验。指纹识别过程通常包括数据采集、数据处理、分析判别三个过程。数据采集，通过光、电、力、热等物理传感器获取指纹图像；数据处理包括预处理、畸变校正、特征提取三个过程；分析判别是对提取的特征进行分析判别的过程。

（2）人脸识别，通过计算机采集人的一幅或多幅图像，由计算机提取其中的面部特征，并与数据库中的特征逐一比较，确定待识别人的身份。人脸识别方法是计算机的视觉应用，从应用过程来看，可分为检测定位、面部特征提取以及人脸确认三个过程。人脸识别的优点是非接触式的，直观性好、被动识别、不需要人的主动配合；其缺点是容易受到光照、视角、遮挡物、环境、表情等影响，造成识别困难。所以，人脸识别技术还须不断改进。

（3）虹膜识别，是利用人眼图像中虹膜区域的特征，如环状物、皱纹、斑点、冠状物等形成特征模板。虹膜识别技术是利用虹膜纹理特征，通过比较这些特征参数完成识别。由于人的眼睛是非常精细的组织，虹膜纹理不会遗传，其形成过程受母体环境影响，具有随机性，所以，虹膜识别被认为是最安全、最精确的生物特征识别方法，能提供准确的身份信息，是有效验证身份的首选识别方法。但是，虹膜图像采集设备的价格昂贵，虹膜图像采集需要人的配合，这点会影响其推广应用。

（4）声纹识别，是指通过分析语音特性和发音的频率来识别说话的人。声纹识别通常可以分为前端处理和建模分析两个阶段。声纹识别的过程是将某段来自某个人的语音经过特征提取后与多复合声纹模型库中的声纹模型进行匹配。由于声音信号获取方便，是一种比较受欢迎的、低成本的识别方法。其优点是使用方便、距离范围大、安装简单；缺点是准确度低、应用范围有限，声音识别容易受到背景噪声、身体状况和情绪等的影响。

（5）DNA识别。DNA存在于一切有核的动植物中，生物的全部信息都存储在DNA分子里，人体的任何一个部分都含有相同的DNA信息。DNA识别技术是利用不同人具有不同的DNA分子结构来区别不同人的身份，这种方法的准确性优于其他的生物特征识别方法，广泛用于识别罪犯。但是，DNA具有遗传性，亲属之间的DNA分子具有很高的相似性，会降低识别准确率。同时，DNA识别必须在实验室进行，耗时长、速度慢、价格高、不能达到实时处理，这就限制了它的广泛应用。DNA识别一般用于确定亲属关系或者刑侦方面对嫌疑人的鉴别。

此外，生物特征识别方法还有：步态识别，通过身体体型和行走姿态来识别人的身份；手形识别，利用手的外部轮廓所构成的几何图形进行身份识别；耳郭识别，与人脸识别类似，通过外耳轮廓和特征来识别人的身份；签名识别，通过分析签名的笔迹和签名过程的压力及速度进行身份确认；体味识别；脚印识别；等等。

微博士

指　纹

指纹是指人手指上的条状纹路，通常由交替出现的宽度大致相同的脊和谷来构成，指纹的特征点包括脊、谷、分叉点和端点等。指纹特征的形成具有随机性，因人而异，指纹形成后不会改变，具有长期稳定性。指纹识别需要通过分析指纹的全局特征和局部特征来区别不同的人。

指纹

3. 生物特征识别技术的发展和应用

生物特征识别并不是新技术，早在 1882 年就有了采集人的图像或记录人的身高、食指长度、胳膊长度等方法来确定人身份的记录。

20 世纪 80 年代以后，随着信息技术高速发展和高新技术的出现，个人身份识别技术也得到迅速发展，使得个人身份识别可以实现数字化和隐性化。在生物特征识别方面，欧美发展较早，近二十年得到了迅速发展。我国也开始了个人身份识别技术的研究，取得了引人瞩目的成果。

用生物特征识别技术识别人的身份与传统的身份鉴定方法相比，有两个优点：一是人体生物特征，包括人体固有的生理特征或行为特征，就在身上，"随身携带"，不会遗忘或丢失，不用挂失，随时随地可用；二是人体生物特征是独一无二的，防伪性能好，不容易伪造或盗取。

正是由于生物特征身份识别认证具有上述优点，基于生物特征的身份识别认证技术受到了许多国家的重视，生物特征识别技术的发展很快，在许多领域得到了应用。

在交通领域，旅客在进入机场、地铁、车站时，可以通过生物特征识别对旅客和员工进行身份鉴别，可提高交通安全级别。

指纹识别广泛应用于考勤、门禁、自动身份鉴别领域。在一些高科技的电子产品，如个人电脑、移动设备等，也嵌入指纹识别系统。

现在，一些国家在其发放的护照中加入了生物信息，在一些高科技的电子产品中也嵌入了生物特征识别技术。基于生物特征的识别方法将在取代人们手中的各种证件等方面具有极大的应用市场，如基于指纹和虹膜的自动取款，无须提供银行卡；基于人脸、虹膜和指纹的识别系统可取代人们手中的钥匙等。

在网络化社会中，生物特征识别技术的终极发展目标就是利用个人生物特征就可以在网络化的虚拟社会与现实社会进行个人的身份认证与识别。人们可以通过基于网络化的物理访问控制系统，进行门禁与考勤操作；可以通过网络化的逻辑访问控制，进行文件的访问与修改；可以通过网络化的生物特征识别，进行金融交易；等等。

为了满足网络化社会的需求，逐步构建网络化的生物特征识别系统将是未来生物特征识别技术的一种必然发展趋势，同时也将具有广阔的市场前景。

指纹识别

五、"大数据"有什么用

在人类发展历史上，数据的获取、处理和应用对推动历史的车轮有着重要作用，促进了人类历史发展。

从人类文明之初的"结绳记事"，到文字出现之后的"文以载道"，再到近现代科学的"数据建模"，都与数据的获取、处理和应用息息相关，体现了人类认识世界的努力和巨大进步。"大数据"助推人工智能，促进人工智能技术的发展。

1. 什么是"大数据"?

"大数据",又称巨量数据、巨量资料,指的是数据资料量规模巨大到无法通过人脑甚至一般软件工具在合理时间内撷取、管理、处理、并整理成为用户所需要的资讯。处理这些巨量资料需要新的处理模式,这样,才能变成具有更强的决策力、洞察力和流程优化能力的海量、高增长率和多样化的信息资产。

"大数据"的特点是数据资料量巨大。社交网络兴起后,互联网上每天出现大量的非结构化数据;物联网的出现,使数据量更大;移动互联网能更准确、更快地收集用户信息,比如位置、生活信息等数据。这样一来,各行各业、各种各样的人群每天、每时每刻都在产生数量巨大的数据碎片,数据计量单位已从 Byte、KB、MB、GB、TB 发展到 PB、EB、ZB、YB 甚至用 BB、NB、DB 来衡量。

这些众多的海量数据需要及时搜索、处理、分析、归纳、总结其深层次的规律,挖掘其蕴藏的价值。无怪有人惊呼:人类社会已经进入"大数据时代"。

"大数据"的资料几乎无法使用大多数的数据库管理系统处理,"大数据"需要特殊的技术。适用于"大数据"的技术,包括大规模并行处理数据库、数据挖掘电网、分布式文件系统、分布式数据库、云计算平台、互联网和可扩展的存储系统。

微博士

"大数据"的"4V"特征

"大数据"有四个特征,即"4V"特征,一是数据体量巨大(Volume);二是数据类型繁多(Variety),包括网络日志、音频、视频、图片、地理位置信息等;三是价值密度低(Value),需要通过强大的机器算法更迅速地完成数据的价值"提纯";四是处理速度要快(Velocity),才能使处理数据的效率高。

2. "大数据"有什么用?

由于"大数据"对大量、动态、能持续的数据,通过运用新系统、新工具、新模型的挖掘，从而获得具有洞察力和新价值的东西。这样，可以帮助人们了解到事物的真正本质，克服一叶障目、只见一斑的缺点，让事物真相展现在我们面前，在工作中减少错误的推断和决策。

"大数据"可以帮助企业营销人员理解客户需求，了解客户以及他们的喜好和行为。企业营销人员通过搜集门户网站的数据，搜集浏览器的日志、剖析文本和传感器的数据，全面地了解客户的现实需求和潜在需求。新产品开发人员可以通过"大数据"，了解新产品的目标客户，预测所开发的新产品能否畅销热卖。

在通常情况下，企业营销人员创建出数据模型进行市场预测。一些世界著名零售商就是通过"大数据"的剖析，获得有价值的信息，精准地预测到客户的现实需求。电信公司通过"大数据"的应用，可以更好预测、防止客户的流失；汽车保险行业可以通过"大数据"，了解客户的需求和驾驶水平。

"大数据"可以帮助进行企业和物流公司业务流程的优化。"大数据"可以通过利用社交媒体数据、网络搜索以及天气预报挖掘出有价值的数据，其中"大数据"的应用最广泛的就是供应链以及配送路线的优化。在这两个方面，通过地理定位和无线电频率的识别以追踪货物和送货车，利用实时交通路线数据制订更加优化的路线。人力资源业务也通过"大数据"的剖析来进行改良，这其中就包括了人才招聘和人才培养的优化。

"大数据"可以帮助政府机关建立"大数据智库平台"，它以"大数据"驱动为基础，以服务政府智慧决策为核心，以新一代信息技术和人工智能为支撑，了解民情、民意，汇聚数据、知识、专家、平台等资源，面向各级政府机关的科学决策，提供具体问题的全过程精确知识服务和决策支撑数字化报告。

近年来，贵州省实施"大数据战略"行动，以"大数据"引领经济转型升级、提升政府治理能力、服务改善民生，实现了"大数据"的跨越式发展。"大数据"战略行动的实施，可以集中各方面智慧、凝聚最广泛力量，建立以"大数据"辅助科学决策和社会治理的机制，推进政府管理和社会治理模式创新，最终实现政府决策科学化、社会治理精准化、公共服务高效化。

"大数据"还是提升国家综合能力和保障国家安全的新利器。贵州省政府与腾讯公司合作，依托腾讯"安全云大数据"，持续为各地区提供网络城市安全状况态势分析，帮助地方政府掌握该区域网络社会安全现状，清晰发现安全短板，助力地区、城市构建智慧安全城市。"大数据"国家工程实验室与腾讯安全反诈骗实验室联合发布了《网络社会安全风险指数研究报告》及网络社会安全风险态势系统。它们的发布不仅有助于政府便捷掌握目前网络社会治理存在的问题，更能为各地政府制定相关政策和治理措施提供数据支撑。

　　"大数据"不只是应用于企业和政府，同样也适用我们生活当中的每个人，给人们的生活带来了许多方便。

　　购房者购房要申请公积金贷款，过程纷繁复杂，从申请到拿到贷款，要跑十多个不同的部门，费心费力。而通过"大数据"的共享，一次性带齐证件到窗口，从申请到拿钱只需要半个小时。让购房者少跑路，少开证明，节省了大量时间和精力。

　　"大数据"可以帮助病人对于病情进行更好的治疗，让医生制订出最佳的治疗方案，同时可以更好地帮助人们去理解和预测疾病，帮助病人对于病情进行更好的治疗。"大数据"技术现在已经在医院应用，监视早产婴儿和患病婴儿的情况。通过记录和剖析婴儿的心跳，医生针对婴儿的身体可能会出现的不适症状作出预测。这样可以帮助医生更好地救助婴儿。

　　人们可以利用可穿着的装备，如智能手表或者智能手环生成最新的数据，让我们了解自身热量的消耗，知道运动有没有过量，知道自己的血压、血液指标是否正常。甚至，还可利用"大数据"来寻找配偶。大多数交友网站就是利用"大数据"来帮助需要的人匹配合适的对象。

　　其实，"大数据"的应用早已渗透到人们生活中的各个方面！

微博士

贵州省"大数据战略"行动

　　贵州省"大数据战略"行动是贵州省发动的一场抢先机的突围战，把"大数据"作为产业创新、寻找"蓝海"的战略选择，同时把"大数据"作为

"十三五"时期贵州省发展全局的战略引擎，更好地用"大数据"引领贵州省经济社会发展、服务广大民生、提升政府治理能力。

3．"大数据"助推人工智能

"大数据"与人工智能有什么关系？

有人把人工智能看成一个嗷嗷待哺又拥有无限潜力的婴儿，婴儿长大需要吃奶，某一领域专业的、海量的、深度的数据就是喂养这个天才的奶粉。奶粉的数量决定了婴儿是否能长大，而奶粉的质量则决定了婴儿后续的智力发育水平。

"大数据"与人工智能的关系就像奶粉与婴儿长大是一样的关系。

"大数据"无法用人脑来推算、估测，或是用单台的计算机进行处理，必须采用分布式计算架构，依托云计算的分布式处理、分布式数据库、云存储和虚拟化技术。因此，"大数据"的挖掘和处理必须用到云技术。

虽然，云技术与人工智能这两者没有直接的关系，云计算不属于人工智能的研究范畴。云计算主要是进行资源整合、应用整合、平台整合，海量数据的存储、处理、计算是云计算的一个服务范围和研究方向。而人工智能研究机器学习、语言识别、图像识别、自然语言处理、人机关系和专家系统等多方面内容。但是，人工智能需要处理海量数据资料，而这些海量数据资料的处理刚好可以利用云计算技术来解决。"大数据"是大量非结构化数据和半结构化数据，"大数据"分析常和云计算联系到一起，实时的大型数据集分析需要数十、数百或甚至数千的电脑分配工作。

从技术上看，"大数据"与云计算的关系就像一枚硬币的正反面一样密不可分。"大数据"无法用单台的计算机进行处理，必须采用分布式架构。它对海量数据进行分布式数据挖掘，必须依托云计算的分布式处理、分布式数据库和云存储、虚拟化技术。

"大数据"需要特殊的技术，以有效地处理大量的数据。适用于"大数据"的技术，包括大规模并行处理数据库、数据挖掘电网、分布式文件系统、分布式数据库、云计算平台、互联网和可扩展的存储系统。

"大数据"技术的战略意义不在于掌握庞大的数据信息，而在于对这些含有意义的数据进行专业化处理。要是把"大数据"比作一种产业，那么这种产业要发展、要实现盈利，关键在于提高对数据的"加工能力"，提高"大数据"技术水平，以便通过"加工"实现数据的"增值"。从这个意义上说，"大数据"助推人工智能，促进了人工智能技术的发展。

人工智能之所以能取得飞速发展，是因为这些年来"大数据"有了长足发展。正是由于各类感应器和数据采集技术的发展，使互联网拥有以往难以想象的海量数据，同时，也开始在某一领域拥有深度的、细致的数据。而这些，都是训练某一领域"智能"的前提。

现在，"大数据"助推人工智能的场景到处可见，促进人工智能技术发展的自动驾驶、医疗领域的辅助决策、基因相关的探索、新闻阅读的推荐、搜索引擎的自我优化、人脸及图像识别、语音识别、自动翻译、深度学习、工厂里的柔性生产线，还有在线教育、金融领域的量化交易，这些前卫的人工智能技术领域都能见到"大数据"的影子。

微博士

什么是云技术？

云技术是指在广域网或局域网内将硬件、软件、网络等系列资源统一起来，实现数据的计算、储存、处理和共享的一种托管技术。

六、看得见的数据

在现代社会中，常常可以在各种媒体上看见夺人耳目的图表、图像，它们就是可视化数据。这类可视化数据使用强烈的对比、置换等手段，极具冲击力。

数据可视化使数据不再呆板，它拥有强大的说服力，数据可视化技术成为智能技术中得到广泛应用的一个领域。

1. 什么是数据可视化

1858 年的一天，英国维多利亚女王收到一幅奇怪的玫瑰图，它像一朵玫瑰花，用面积直观地表现了在克里米亚战争期间士兵的死亡原因。

这幅玫瑰图由英国护士南丁格尔绘制。她通过搜集战场数据，表明许多士兵死亡并非"战死沙场"，而是因为在战场外感染了疾病，或受伤，却没有得到适当的护理而死。南丁格尔绘制这幅玫瑰图，向不会阅读统计报告的英国维多利亚女王和国会议员，报告了克里米亚战争的医疗条件。南丁格尔因为绘制这幅玫瑰图，使数据可视，成为视觉表现和统计图形的先驱。

其实，数据可视不是南丁格尔的创造。早在1801年，就有人创造了统计制图法，绘制了世界上第一张展现数据的图表，它用线图、柱图、饼图与面积图来展现数据，实现了数据的"可视"。

可视化数据是一种以某种概要形式抽提出来的信息，包括相应信息单位的各种属性和变量。它是一种概念不断演变、边界不断地扩大的信息。

数据可视化的目标不一样，数据可视化的特点和方法也不一样。有时为了观测、跟踪数据，强调实时性、变化、运算能力，就需要生成一份不停变化、可读性强的图表；有时为了分析数据，强调数据的呈现度，就需要生成一份可以检索、交互式的图表；有时为了发现数据之间的潜在关联，可能会生成分布式的多维的图表；有时为了帮助用户快速理解数据的含义或变化，就需要生成一份用漂亮的颜色、动画创建生动、明了、具有吸引力的图表；有时被用于教育、宣传目的，被制作成海报、课件，出现在街头、广告手持、杂志和集会上。

数据可视化是将结构或非结构数据转换成适当的可视化图表，然后将隐藏在数据中的信息直接展现于人们面前。数据可视化相比传统的用表格或文档展现数据方式的优势在于将数据以更加直观的方式展现出来，使数据更加客观、更具说服力。在各类报表和说明性文件中，用直观的图表展现数据，显得简洁、可靠，可以创造出极具冲击力的效果。

数据可视化的基本思想，是将数据库中每一个数据项作为单个元素表示，大量的数据集构成数据图像，同时将数据的各个属性值以多维数据的形式表示，可以从不同的维度观察数据，从而对数据进行更深入的观察和分析。

数据可视化并不是简单地把数据变成图表。数据可视化的客体是数据，但想要的其实是数据视觉。数据可视化员以数据为工具、以可视化为手段，目的是描述真实、探索世界，是以数据为视角来看待世界，用数据表达事物的真相！

南丁格尔玫瑰图

南丁格尔玫瑰图，又名极区图，由英国护士弗罗伦斯·南丁格尔所绘制，是一种圆形的直方图，像一朵玫瑰花。它用以表达英军医院季节性的死亡率，使那些不太能理解传统统计报表的公务人员看懂这些数据。该玫瑰图使得她的医疗改良的提案得到支持和采纳。

南丁格尔玫瑰图

2. 数据可视化方法

数据可视化的技术方法是利用图形、图像处理、计算机视觉以及用户界面，表达对立体、表面、属性以及动画的显示，对数据加以可视化解释。

在可视化图表工具的表现形式方面，图表类型表现得更加多样化、丰富化。除了传统的饼图、柱状图、折线图等常见图形，还有气泡图、面积图、省份地图、瀑布图、漏斗图等图表，这些种类繁多的图形能满足不同的展示和分析需求。

数据可视化形式多样，实现数据可视化方法也多样，常用的方法有以下几种：

（1）将指标值图形化。一个指标值就是一个数据，将数据的大小以图形的方式表现。比如用柱形图的长度或高度表现数据大小，这也是最常用的可视化形式。传统的柱形图、饼图有可能会带来审美疲劳，可尝试从图形的视觉样式上进行一些创新，常用的方法就是将图形与指标的含义关联起来。当存在多个指标时，挖掘指标之间的关系，并将其图形化表达，可提升图表的可视化深度。

指标值图形化有以下两种方式：一是借助已有的场景来表现，联想自然或社会中有无场景与指标关系类似，然后借助此场景来表现；二是构建场景来表现，指标之间往往具有一些关联特征，如从简单到复杂、从低级到高级、从前到后等等。这种关系可以通过构建一个个台阶去表现。

（2）时间和空间可视化。时间，通过时间的维度来查看指标值的变化情况，一般通过增加时间轴的形式，也就是常见的趋势图；空间，当图表存在地域信息并且需要突出表现的时候，可用地图将空间可视化，地图作为主背景呈现所有信息点。

（3）将数据进行概念转换。在数据可视化时，可以对数据进行概念转换，可加深用户对数据的感知。常用方法有对比和比喻：对比，可以加深对数据的感知；比喻，可以深刻感受数据量之大小。

（4）让图表"动"起来。数据图形化完成后，可将其变为动态化和可操控性的图表，实现动态化方法有两种：一是交互，包括鼠标浮动、点击、多图表时的联动响应等等；二是动画，包括增加入场动画、交互过程的动画、播放动画等等。

以上实现数据可视化的方法，是数据可视化实践中总结出来的方法，为后续数据可视化发展提供可借鉴的思路。随着"大数据"技术的成熟，还会涌现出更多、更好的数据可视化方法。

微博士

实现数据动态化的动画

动画，是实现数据动态化的一种方法，可提升用户体验，其过程如下：入场动画，即在页面载入后，给图表一个"生长"的过程，取代"数据载入中"这样的提示文字；交互动画，用户发生交互行为后，通过动画形式给以及时反馈；播放动画，为用户提供播放功能，让用户能够完整看到数据随时间变化的过程。

3. 怎么实现数据可视化

在"大数据时代"，每时每刻都在产生海量的数据资料。要使数据可视化，首先要从各种实现数据可视化方法中适合自己使用的方法。在选定了数据可视化方法后，可通过以下步骤实现数据可视化：

第一步为分析原始数据。数据是可视化的主角，人们通常看见的数据是经过图形映射、加工、修饰后的最终结果，而原始数据隐藏在纷繁复杂的视觉效果中。所以，要使所需要的数据可视化，就先要找到我们所需要的数据，分析这些数据。有些可视化案例的原始数据可能会比较复杂，不能从图中很方便地整理出来，可通过项目介绍中数据来源来寻找原始数据。

第二步为分析图形。图形是可视化中的关键元素，分析可视化中的图形可以从很多角度来进行，可以先从整体入手。现在看到的大多数可视化案例都是从某种基础的可视化方法演进而来的，借鉴经典可视化方法，并在其基础之上进行创新。如果可以通过图形大致确定可视化的形式，就可以借助一些专有工具快速做出相似原型。

第三步为深入挖掘背后技术。通过一些数据可视化方法与工具制作出类似可视化效果。但不能止步于此，应该深入地了解更底层的实现方法。我们可以查看开源工具的源代码，从中发现一些可视化的具体实现方法。并不是所有的可视化方法背后都有一个复杂的算法，大部分可视化技术用到的也许只是一些基础数学知识。

第四步为实施数据可视化。有了数据、分析了结构、深入理解了背后的原理，具体实施将会变得十分简单，可以根据需求选择适合自己的工具。从宏观到微观，用不同的细节揭示数据背后的秘密。

第五步为可读性优化。可读性会直接影响可视化内容的质量，混乱的颜色、重叠的标签都会大大降低可读性。在进行可视化案例时，应该注意发现和积累对可读性优化的方法，以更好地应用到自己的案例中去。

通过上面的步骤，基本上可以还原一个可视化内容的产生路径，也从中学到了很多知识。在学习资源较少的可视化领域，深入地逆向观看自己喜欢的可视化作品，不失为一种好的学习方法。在看到一个可视化作品时，看到可视化背后的数据、组件、图层、几何模型，体验更多的数据可视化之美。

七、怎样实现无人驾驶

2018 年 1 月，谷歌母公司旗下的自动驾驶研发公司公布了一段视频，视频中显示，他们研制的自动驾驶汽车已经在美国亚利桑那州凤凰城的公路上进行了测试。这次的自动驾驶汽车已经完全不需要驾驶员进行人为干预。

无人驾驶技术是人工智能技术的重要组成部分，它催生了无人驾驶车辆的出现。而无人驾驶车辆的出现，将会对人类的生活方式造成极大的冲击。

1. 无人驾驶汽车的发展历程

在人工智能这个概念出现之前，无人驾驶汽车就出现了。

1925 年 8 月，人类历史上第一辆无人驾驶汽车正式在美国亮相。这辆名为"美国奇迹"的汽车在纽约拥挤的马路上行进。驾驶座上没有人，方向盘、离合器、制动器等部件"随机应变"。在它后面，有一辆遥控车跟着它，有工程师坐在遥控车上靠发射无线电波操控它。这辆无人驾驶汽车穿过纽约拥挤的马路，从百老汇一直开到第五大道，引起了轰动。

其实，这是一次"超大型遥控"实验，只是反映了人类要制造无人驾驶汽车的愿望。最早提出无人驾驶概念的是设计师诺曼·格迪斯，他设想，汽车采用无线电控制，电力驱动，由嵌在道路中的电磁场提供能量。他认为，美国高速公路都应配有类似火车轨的装置，为汽车提供自动驾驶系统。汽车开上高速后会按照一定的轨迹和程序行进，驶出高速后再恢复到人类驾驶。

1956 年，美国通用公司造出了无人车的概念车"火鸟二代"，它采用钛金属、流线型车身，首次提出了安全及自动导航系统。后来，"火鸟"又推出第三代，设定好想要的速度，然后调成自动导航状态行进。

人工智能的概念出现后，人们尝试用人工智能技术研制无人驾驶汽车。1966 年，智能导航第一次出现在美国斯坦福大学研究所里，他们研发了一个有车轮结构的机器人。虽然，这个轮式机器人花上数小时才能完成开关灯这样简单的动作，但是在它身上，内置了传感器和软件系统，开创了自动导航功能的先河。

1977年，日本研发了一种自动驾驶汽车。它装有两个摄像头，用于检测前方标记或者导航信息。在高速轨道的辅助下，它的时速能达到每小时30公里。这表明人们开始从"视觉"角度思考无人车的前景，让导航与"视觉"联系在了一起。

1984年，美国国防部高级研究计划局启动了"ALV自主路上车辆"计划，目标是通过摄像头来检测地形，由计算机系统计算出导航和行驶路线。1987年，德国军方科研机构开始和奔驰合作，研制无人驾驶车辆，采用摄像头和计算机图像处理系统对道路进行识别。

无人驾驶车辆就这样和人工智能联系在一起，进入人们视野。

第一辆无人驾驶汽车"美国奇迹"

2. 无人驾驶汽车是什么样子的

现代式无人驾驶汽车是一种智能汽车，也称为轮式移动机器人，主要依靠车载系统，即车内以计算机系统为主的智能驾驶仪，再配合道路的跟踪系统来实现无人驾驶。

无人驾驶汽车集自动控制、体系结构、人工智能、视觉计算等众多技术于一体，是计算机科学、模式识别和智能控制技术高度发展的产物。它利用

69

车载传感器来感知车辆周围环境，并根据感知所获得的道路、车辆位置和障碍物信息，控制车辆的转向和速度，从而使车辆能够安全、可靠地在道路上行驶。

车辆无人驾驶技术的优点是使出行更安全，除去了人为失误的因素，而且可以缓解交通压力、减少环境污染。

早在二十世纪的八九十年代，德国、意大利等欧洲国家就出现过无人驾驶演示。无人驾驶在诸如换挡、变速等技术上的困难已经被完全克服。但只是在路上无人的环境下实现无人驾驶的。要是在全天候全路况的实际条件下，早年间出现的无人驾驶车辆就会变成"马路杀手"，这就说明了为什么无人驾驶汽车发展缓慢，至今还没有普及。

现在，使无人驾驶技术取得突破的是互联网巨头，如谷歌、百度，而非奔驰、奥迪等传统车企。

从机器人的发展历程来看，机器人从空间上、时间上都可以精确执行交付的任务。人类把各种内部外部的影响因素建好了模型，机器人只是求解这一模型的数学工具。随着可实现的功能复杂化，机器人的结构也变得越来越精细，但它不具备、也不需要具备基本的认知能力。无人驾驶汽车就是对建立机器人认知能力的尝试，复杂的人类世界是不可能用确定的模型描述的，要适应这样的环境，机器人就必须自适应地理解环境，从大量实例中学习必要的规则，再根据学习的规则形成判断的思维，最后利用这思维指导实际的决策。

无人驾驶汽车这种轮式移动机器人与传统的工业机器人相比，在工程上的突破有限，但它却有希望成为第一个在复杂环境中替代人类劳动的机器人，这无疑意义深远。无人驾驶汽车上路，或许有很长的路要走，可它们已经指明了机器思考能力进化的道路。

无人驾驶汽车目前在美国发展比较快，但都是在实验阶段，还处在比较初级的阶段。有专家预计在 2020 年左右会有一个比较大的技术突破，不需要人工操作，达到完全自动化。但要普及的话，至少要等到 20 年以后。无人驾驶将会对人类的生活方式造成极大的冲击，人类社会的各个领域都要发生重大变革，才能迎接普及化的无人驾驶汽车时代。

微博士

自动驾驶技术发展的四个阶段

无人驾驶汽车上采用了自动驾驶技术，它的发展可分为以下四个阶段：

一是功能较为单一的部分自动化阶段，仅搭载了自动紧急制动、车道保持等系统，只是在发生紧急情况或特殊情况时，实行车辆的自动操作。

二是具有复合功能阶段，搭载多种系统，如自动紧急制动和自动转向系统等，可实现有条件限制的自动驾驶，如在高速公路的单一车道上行驶等。

三是高度自动化阶段，基本不需要人工操作，但安全状况的最终确认以及紧急情况的处理等仍然由驾驶人员完成。

四是完全自动化阶段，不需要人工操作，安全状况的最终确认等环节也由机器来完成。

无人驾驶概念车

3. 实现无人驾驶的秘密

无人驾驶汽车之所以能实现无人驾驶，有两大秘密：一是传感器，二是即时定位与地图构建技术。

无人驾驶汽车实现无人驾驶，车载传感器功不可没！无人驾驶汽车要实现自动驾驶，得通过车载传感器来判断周边环境，使车辆能够正确把握自身位置。除定位以外，汽车还需要做到识别车道线和道路标识以及规避其他车辆和行人等。为此，人们在自动驾驶汽车上搭载了多种车载传感器。

无人驾驶汽车上的车载传感器有微波雷达、激光雷达和摄像头三种。微波雷达用于正确判断车辆与对象物体之间的距离，但它无法分辨物体形状。激光雷达不仅可以判断距离，还可以在一定程度上识别物体形状，但一遇到雨雪等恶劣天气，性能就会下降。摄像头可以拍摄路况，它除了判断物体距离和形状外，甚至可以识别出对象物体究竟是行人还是车辆，甚至能分辨是机动车还是自行车，但在夜间和恶劣天气中，它的识别性能同样会受到影响。由于这些传感器各有所长，也各有其短，所以它们经常被一起使用。

即时定位与地图构建技术是自动驾驶中的基本要素，它通过实时绘制的3D地图的变化来判断汽车的行驶距离和所在位置。3D地图的绘制主要靠激光雷达来完成，激光雷达向周围环境中发射激光，并通过光线的反射来判断物体位置和形状。自然，现有导航系统中的全球定位系统也可为车辆定位，但在隧道等GPS卫星信号难以传输的地方仍然行不通。所以将这三种技术手段结合使用，让车辆尽可能精准地定位。

无人驾驶汽车就是通过车载传感系统感知道路环境自动规划行车路线，并根据感知所获得的道路、车辆位置和障碍物信息以控制车辆的转向和速度，从而使车辆能够安全、可靠地在道路上行驶，并控制车辆到达预定目标。

微博士

谷歌无人驾驶汽车

谷歌无人驾驶汽车是谷歌公司研发的全自动驾驶汽车，不需要驾驶者就能启动、行驶以及停止。它使用7辆试验车，车上装载照相机、雷达感应器和激光测距仪，并且使用谷歌街景地图来为前方的道路导航。车顶上的扫描器发射激光，激光碰到车辆周围的物体，又反射回来，这样就计算出了物体的距离。谷歌无人驾驶汽车已经驶上美国加利福尼亚州的街头，已经记录到了数千公里的数据。预计谷歌无人驾驶汽车测试活动将会加速，可能会在公路上部署更多完全无人驾驶汽车。

谷歌无人驾驶汽车

八、眼睛看到的可信吗

"耳听为虚，眼见为实"，说的是听别人讲的和自己看到的是不同的，看到的可能是真实情况，听人讲的往往是虚假的，没有亲眼所见，就不要相信。

"眼见为实"，但眼见是不是一定为"实"呢？

不一定。因为事物有真相和假象之分，如果眼睛看到的是假象，把假象误认为是真相，就会把虚误认为实了。

有了虚拟现实和增强现实技术之后，对于虚拟现实和增强现实技术展示的情景，就不能"眼见为实"。因为，虚拟现实技术使我们看到的是虚拟现实幻境，而增强现实技术是将真实世界信息和虚拟世界信息"无缝"结合在一起。这样，我们眼睛看到的就不能信以为真，不能相信"眼见为实"了，眼睛看到的不一定可信。

1. 什么是虚拟现实技术

一直以来，人们通过视觉、听觉、嗅觉、触觉等各种感觉来感触、认知周围事物，认知世界，所以，人们直观地认为各种感觉触及的都是真实存在的世界。

虚拟现实（简称"VR"）技术的出现，彻底地改变、颠覆了这种认识。其实，虚拟现实技术造就的虚拟现实，是个假想现实，是用计算机合成的人

73

工世界，用于欺骗我们的大脑，进而控制我们的意识。当人们一旦进入这个虚拟的世界，你就会身不由己地被它操纵。

虚拟与现实两词相互矛盾，把这两个词放在一起，似乎没有意义，但是科学技术的发展却赋予它新的含义。造就虚拟现实幻境，计算机不可缺少。计算机是生成虚拟现实的物质基础，而信息科学又是合成虚拟现实的基本前提。生成虚拟现实需要解决以下三个问题：

（1）以假乱真，即怎样合成对观察者的感官器官来说与实际存在相一致的输入信息，也就是如何可以产生与现实环境一样的视觉、触觉、嗅觉等感官体验。

（2）相互作用，观察者怎样积极和能动地操作虚拟现实，以实现不同的视点景象和更高层次的感觉信息，实际上也就是怎么可以看得更像、听得更真等等。

（3）自律性现实，感觉者如何在不意识到自己动作、行为的条件下得到栩栩如生的现实感。在这里，观察者、传感器、计算机仿真系统与显示系统构成了一个相互作用的闭环流程。

虚拟现实技术就是解决了上述三个问题的人工智能技术，它利用三维图形生成技术、多传感交互技术以及高分辨显示技术，生成三维逼真的虚拟环境，使用者戴上特殊的头盔、数据手套等传感设备，或利用键盘、鼠标等输入设备，便可以进入虚拟空间，成为虚拟环境的一员，进行实时交互，感知和操作虚拟世界中的各种对象，从而获得身临其境的感受和体会。

虚拟现实是以沉浸性、交互性和构想性为基本特征的计算机高级人机界面，制造幻境，使人能够沉浸在计算机生成的虚拟境界中。虚拟现实技术生成的虚拟现实已经出现在我们面前，使得现代人自觉或不自觉地进入了虚拟现实幻境中。

在互联网上，每个人都可以化身为自己想要成为的人物。在互联网上，没人知道你是谁！人人都可以在网络空间创造的虚拟现实中，以崭新的身份享受完全不同的生活。

微博士

虚拟现实技术

虚拟现实技术，又称灵境技术，是利用了计算机图形学、仿真技术、多媒体技术、人工智能技术、计算机网络技术和多传感器技术，模拟人的视觉、听觉、触觉等感觉器官功能以制造幻境，使人能够沉浸在这个计算机生成的虚拟境界中，并能够通过语言、手势等自然的方式与之进行实时交互，创建了一种适人化的多维信息空间。

2. 虚拟现实技术的发展和应用

虚拟现实技术的发展使得虚拟现实技术的应用领域非常广泛，政治、经济、军事、科技、文化、艺术几乎到了无所不包、无孔不入的地步。不仅从改变了人们的工作方式，也改变了人们的生活方式。

虚拟现实技术的应用领域和交叉领域非常广泛。

虚拟现实技术在娱乐业中大放异彩，它生成的图像能随观察者眼睛位置的变化而变化，并能快速生成图像，使观众获得实时感，再配以适当的音响效果，就可以使人有身临其境的感受。虚拟现实技术不仅创造出虚拟场景，而且还创造出虚拟主持人、虚拟歌星、虚拟演员、虚拟现实游戏、虚拟现实影视艺术也因为虚拟现实技术的出现和发展，应运而生，并形成强烈的市场需求和技术驱动。

能够提供视觉和听觉效果的虚拟现实系统，已被用于各种各样的仿真系统中。在旅游景点，把珍贵的文物用虚拟现实技术展现出来供人参观，有利于保护真实的古文物。山东曲阜的孔子博物院就是这么做的：把大成殿制成模型。观众通过计算机便可浏览到大成殿几十根镂空雕刻的盘龙大石柱，还可以绕到大成殿后面游览。

虚拟现实技术可以为设计人员辅助设计。建筑师在城市规划中，利用能够提供视觉和听觉效果的虚拟现实系统，知道各个建筑同周围环境是否和谐相容，新建筑同周围的原有建筑是否协调，以免造成建筑物建成后，才发现它破坏了城市原有风格和合理布局。

在水库设计、建造中，用虚拟现实技术建立起来的水库和江河湖泊仿真系统，更能使人一览无遗。设计人员可在水库建成之前，直观地看到建成后的壮观景象，事先知道水库蓄水后将最先淹没哪些村庄和农田，哪些文物将被淹没，这样能主动及时解决问题。同样，建立了地区防汛仿真系统，就可以模拟水位到达警戒线时哪些堤段会出现险情、万一发生决口将淹没哪些地区。这对制定应急预案有莫大的帮助。

在飞机、船舶、车辆等交通工具的设计、制造和使用中，虚拟现实技术也大有作为。虚拟设计、虚拟制造和虚拟现实驾驶训练，会使这些交通工具设计得更合理，制造得更精良，使用更方便。虚拟现实可缩短新型交通工具的开发周期和研制成本，减少训练费用支出。

虚拟现实技术也可以在军事上得到应用。最近二三十年中，美国到处进行军事活动，导致大量退伍美军出现心理问题。美军为了解决退伍军人在战场上留下的创伤后应激障碍问题，斥资数千万美元用于虚拟现实技术研究，试图通过植入式脑机接口调节情绪，提高记忆力，消除不愉快的战争记忆。这是虚拟现实技术在军事上的首次应用。

美军还准备把这种虚拟现实技术从退伍后提到入伍前，直接给士兵生成了辅助作战的幻象，让他们早日熟悉战场环境。美国国防部高级研究计划局开展一项研究——神经工程系统设计。这类装置向大脑反馈电子听觉或视觉信息来弥补听力或视力缺陷，可以看见战场上现有观察器材和设备看不见的场景。

虚拟现实技术的发展和应用，不仅从根本上改变人们的工作方式和生活方式，劳和逸将真正结合起来，人们在享受环境中工作，在工作过程中得到享受，而且虚拟现实技术与美术、音乐等文化艺术的结合，将诞生新的艺术形式。

虚拟现实技术的广泛应用，对计算机硬件技术和网络技术的发展和应用也有很大的推动作用，把计算机应用提高到一个崭新的水平。过去的人机界面，即人同计算机的交流，要求人去适应计算机，而使用虚拟现实技术后，人可以不必意识到自己在同计算机打交道，而可以像在日常环境中处理事情一样同计算机交流。这就把人从操作计算机的复杂工作中解放出来，对充分发挥信息技术的潜力具有重大的意义。而且，在观念上，从"以计算机为主体"变成"以人为主体"。

3. 更上一层楼的增强现实技术

增强现实（简称"AR"），它是一种将真实世界信息和虚拟世界信息"无缝"衔接的新技术。增强现实把在现实世界的一定时间、一定空间范围内很难体验到的实体信息，包括视觉、声觉、味觉、触觉等信息，通过计算机技术，模拟仿真后再叠加，将虚拟的信息应用到真实世界，被人类感官所感知，从而达到超越现实的感官体验。真实的环境和虚拟的物体实时地叠加到了同一个画面或空间同时存在。

增强现实技术，不仅展现了真实世界的信息，同时展现了虚拟的信息，使得这两种信息相互补充、叠加。

一个完整的增强现实系统是由一组紧密联结、实时工作的硬件部件与相关的软件系统协同实现的。常用的增强现实系统有如下三个组件组成：

（1）头戴式显示器使用户看到由增强现实系统生成的图像和文本，它有光学透视式显示器和透视式显示器两种，其中透视式显示器中的虚拟视网膜显示器，利用光将影像映射到视网膜上。因为其体积小，有望成为未来增强现实系统中的显示器。

（2）跟踪系统使用光学感应设备和嵌入在特殊天花板内的红外线发光二极管，用于了解用户相对于其周围的环境所处的位置，跟踪用户的眼睛和头部转动，并且映射出与用户在任何特定时刻看到的真实世界相关的图像。

（3）带有天线的移动计算设备利用计算机获得的各种图形处理能力，创建三维立体图形，用于了解用户的精确位置。

上述三个组件组成了一个完整的增强现实系统。增强现实技术与虚拟现实技术有着相类似的应用领域，可广泛应用到影视、娱乐、旅游、医疗、建筑、教育、工程、军事等诸多领域。

娱乐、游戏领域是增强现实最显而易见的应用领域，可以给人们提供即时信息。增强现实游戏可以让位于全球不同地点的玩家共同进入一个真实的自然场景，以虚拟替身的形式，进行网络对战。

通过增强现实技术可以在转播体育比赛的时候实时地将辅助信息叠加到画面中，使得观众可以得到更多的信息。增强现实游戏可以将游戏映射到周围的真实世界中，并可以真正成为其中的一个角色。现在，有研究人员创作了一个将流行的视频游戏和增强现实结合起来的原型游戏，将现实场景模型放进了游戏软件中，提高原型游戏真实感。

旅游、展览领域也是增强现实技术可以大显身手的领域，游客在浏览、参观旅游城市和景点的同时，通过增强现实技术系统，接收到途经旅游城市和景点的相关资料，观看展品的相关数据资料。在历史古城、遗址，可以将文化古迹的信息以增强现实的方式提供给参观者，用户不仅可以通过古城、古迹的文字解说，还能看到遗址上残缺部分的虚拟重构。旅行者可以使用增强现实系统了解有关特定历史事件的更多信息，并且在头戴式增强现实显示器上看到重现的历史事件。它将使游客沉浸在历史事件中，有身临其境之感，而且视角将是全景的。

军事领域是增强现实技术崭露头角的重要场所。野战部队可以利用增强现实技术进行方位的识别，获得实时所在地点的地理数据等重要军事数据。美国军事部门已经资助了一些增强现实研究项目，开发可以配有便携式信息系统的显示器，利用增强现实系统为军队提供关于周边环境的重要信息。这种增强现实显示器还能突出显示军队的移动，让士兵可以转移到敌人看不到的地方。

由于增强现实技术系统具有能够对真实环境进行增强显示输出的特性，所以，它在许多领域具有比虚拟现实技术更加明显的优势。在医疗领域，医生可以利用增强现实技术，轻易地进行手术部位的精确定位；在通信领域，可使用增强现实和人脸跟踪技术，在通话的同时在通话者的面部实时叠加一些如帽子、眼镜等虚拟物体，大大提高了视频对话的趣味性；在工业维修领域，通过头盔式显示器将多种辅助信息，包括虚拟仪表的面板、被维修设备的内部结构、被维修设备零件图等显示给用户，让用户一目了然。

增强现实技术的出现和发展，将改变我们观察世界的方式，通过看起来像一副普通眼镜一样的增强现实显示器，使得信息化图像出现在我们的视野中，并且所播放的声音和我们所看到的景象保持同步。而且，这些增强信息将随时更新，以反映当时大脑的活动。

这些天方夜谭式的增强现实技术已经来到我们面前，随着它不断发展，它的输入和输出设备价格会不断下降，视频显示质量会不断提高，功能强大且易于使用的软件会不断出现。这样，增强现实技术的应用领域必将日益扩大，而且增强现实技术在人工智能、图形仿真、虚拟通信、军事、遥感、娱乐、模拟训练等许多领域带来了革命性的变化。

微博士

增强现实系统特点

增强现实技术系统具有以下三个特点：一是真实世界和虚拟世界的信息集成；二是具有实时交互性；三是在三维尺度空间中增添定位虚拟物体。该技术系统包含了多媒体、三维建模、实时视频显示及控制、多传感器融合、实时跟踪及注册、场景融合等新技术与新手段，为人们提供了在一般情况下，不同于人类可以感知的信息。

九、自主创新突破口

近年来，"区块链"成了"霸屏"的热词！

什么是区块链技术？为什么区块链技术会成为自主创新的重要突破口？区块链跟人们日常生活有什么关系？

1. 什么是区块链技术

区块链技术（Blockchain Technology，简称"BT"），也被称为分布式账本技术，是一种互联网数据库技术。如果把数据库假设成一本账本，读写数据库就可以看作一种记账的行为，区块链技术的原理就是在一段时间内找出记账最快最好的人，由这个人来记账，然后将账本的这一页信息发给整个系统里的其他所有人。这也就相当于改变数据库所有的记录，发给全网的其他每个节点，所以区块链技术也被称为分布式账本。

区块链的"区块"，类似于我们使用的计算机硬盘的某一个地方。每个区块，就是我们保存信息的地方。通过密码学技术进行加密，这些被保存的信息数据无法被篡改。简单来说，区块链是一个分布式的共享账本和数据库。

狭义来讲，区块链技术是将密码学、经济学、社会学结合的一门技术，是一种按照时间顺序将数据区块以顺序相连的方式组合成的一种链式数据结构，并以密码学方式保证的不可篡改和不可伪造的分布式账本。

广义来讲，区块链技术是利用块链式数据结构来验证与存储数据、利用

79

分布式节点共识算法来生成和更新数据、利用密码学的方式保证数据传输和访问的安全、利用由自动化脚本代码组成的智能合约来编程和操作数据的一种全新的分布式基础架构与计算方式。

区块链的基本概念包括：交易、区块和链三部分。交易，是一次操作，是导致账本状态的一次改变，如添加一条记录；区块，记录一段时间内发生的交易和状态结果，是对当前账本状态的一次共识；链，由一个个区块按照发生顺序串联而成，是整个状态变化的日志记录。

一般说来，区块链系统由数据层、网络层、共识层、激励层、合约层和应用层组成。

数据层封装了底层数据区块以及相关的数据加密和时间戳等技术；网络层则包括分布式组网机制、数据传播机制和数据验证机制等；共识层主要封装网络节点的各类共识算法；激励层将经济因素集成到区块链技术体系中来，主要包括经济激励的发行机制和分配机制等；合约层主要封装各类脚本、算法和智能合约，是区块链可编程特性的基础；应用层则封装了区块链的各种应用场景和案例。

微博士

区块链

区块链是一种分布式数据存储、点对点传输、共识机制、加密算法等计算机技术的新型应用模式。

区块链

2. 区块链的技术特点

区块链体系结构的核心优势是：任何节点都可以创建交易，在经过一段时间的确认之后，就可以合理地确认该交易是否有效，区块链可有效地防止双方问题的发生。区块链技术实现了两种记录：交易及区块。交易是被存储在区块链上的实际数据，而区块则用来记录确认某些交易是在何时、以何种顺序成为区块链数据库的一部分。交易是由参与者在正常过程中使用系统所创建的，而区块则是由称之为"矿工"的单位负责创建。

区块链的基本特征有以下几点：

一是去中心化。由于使用分布式核算和存储，不存在中心化的硬件或管理机构，任意节点的权利和义务都是均等的，系统中的数据块由整个系统中具有维护功能的节点来共同维护。其开放性在于，系统是开放的，除了交易各方的私有信息被加密外，区块链的数据对所有人公开，任何人都可以通过公开的接口查询区块链数据和开发相关应用，因此整个系统信息高度透明。

二是自治性。区块链采用基于协商一致的规范和一套公开透明的算法，使得整个系统中的所有节点能够在去信任的环境自由安全地交换数据，使得对"人"的信任改成了对机器的信任，任何人为的干预不起作用。

三是信息不可篡改。信息按照时间顺序记录，这些记录可回溯，但不可篡改。一旦信息经过验证并添加至区块链，就会永久的存储起来，除非能够同时控制住系统中超过51%的节点，否则单个节点上对数据库的修改是无效的，因此区块链的数据稳定性和可靠性极高。

四是匿名性。由于节点之间的交换遵循固定的算法，区块链中的程序规则会自行判断活动是否有效。因此，交易双方无须通过公开身份的方式让对方自己产生信任，对信用的累积非常有帮助。

正是区块链技术具有的去中心化的分布式核算和存储、一致存储、难以篡改及其匿名性，使得该项技术正与人工智能、"大数据"、物联网等前沿技术融合，成为一项"很讲信用"的技术。区块链技术就这样悄无声息地改变了世界，改变了我们的生活。

区块链的技术瓶颈

区块链技术是一种互联网数据库技术，它的性能还有待提升。一个标准的融合的区块链框架，包含很多技术要点。区块链本质是点对点传输，一个大规模的点对点网络，有十几万甚至几十万个节点。但区块链的节点数越多，性能会呈指数级下降，这就成了区块链的技术瓶颈，能不能突破这一个瓶颈很关键。

3."比特币"和区块链

2019年10月25日，新闻联播中报道了区块链技术的相关新闻。这个消息马上热传。这天，比特币突破了10 000美元大关，24小时的涨幅逾30%。

比特币和区块链是什么关系？区块链是什么东西呢？

比特币是一种P2P形式的数字货币，它由一个自称中本聪的人在2008年11月1日提出。他在网站上发布了"比特币白皮书"，陈述了电子货币的新设想。一种点对点的电子现金系统，比特币就此面世。2009年1月3日，比特币创世区块诞生。由于比特币用分布式账本摆脱了第三方机构的制约，即中本聪所称的"区块链"。

这样，比特币诞生那天起，就和区块链紧密地联系在一起。那些乐于奉献出电脑CPU运算能力的用户，运转一个特别的软件来做一名"挖矿工"，构成一个网络共同来保持"区域链"。买卖也在这个网络上延伸，运转这个软件的电脑争相破解不可逆的暗码难题，这些难题包含好几个买卖数据。第一个解开难题的"矿工"会得到50比特币奖赏，相关买卖区域加入链条。跟着"矿工"数量的增加，每个谜题的艰难程度也随之增大。

比特币是第一种分布式的虚拟货币，整个网络由用户构成，没有中央银行。去中心化是比特币安全与自由的保证。比特币可以在任意一台接入互联网的电脑上管理，可以流通世界。不管身处何方，任何人都可以挖掘、购买、出售或收取比特币。操控比特币需要密钥，除了用户自己之外无人可以获取。比特币交易没有烦琐的额度限制或手续限制，知道对方比特币地址就可以进行支付。

由于比特币完全去中心化，没有发行机构，也就不可能操纵发行数量。其发行与流通，是通过开源的 P2P 算法实现，所以从外部无法关闭它。比特币交易匿名、免税、免监管，它可以不经过任何管控机构，也不会留下任何跨境交易记录。由于比特币网络已经足够健壮，想要控制比特币网络 51% 的运算力，所需要的 CPU/GPU 数量将是一个天文数字。这会使那些山寨货币难以生存。尽管，一些国家政府可能宣布它非法，由于比特币庞大的 P2P 网络不会消失，所以比特币也不会消失。

比特币网络很健壮，但比特币交易平台很脆弱，交易平台通常是一个网站，而网站会遭到黑客攻击，或者遭到主管部门的关闭。而且，比特币这种 P2P 形式的数字货币交易确认时间长，价格波动极大。由于大量炒家介入，导致比特币兑换现金的价格起伏很大，交易者如坐过山车，这使得比特币更适合投机。

由此看来，和区块链同时诞生的比特币只是少数人的一个投机游戏品种。比特币的不可随意创造性就决定了它的总量是一定的，比特币不能成为货币。比特币价格波动太厉害而不符合货币的额稳定属性。现在，比特币没有任何一个国家的政府为其背书。因为，比特币挑战了国家的货币发行权，而货币发行权是国家主权的重要象征。"没有发行者"是比特币的优点，但在传统金融从业人员看来，"没有发行者"的货币毫无价值。

比特币会不会成为像黄金一样的投资品？投资者及各国政府对于比特币如何定位？比特币这种数字货币会走向何处？让我们拭目以待！

微博士

比特币原理

比特币的本质其实就是一堆复杂算法所生成的特解，指方程组所能得到有限个解中的一组，而每一个特解都能解开方程并且是唯一的解。挖矿的过程就是通过庞大的计算量不断地去寻求这个方程组的特解，这个方程组被设计成了只有 2 100 万个特解，所以比特币的上限就是 2 100 万个。用户可以在众多平台上发掘不同电脑硬件的计算能力。

比特币

4. 区块链技术的应用前景

从技术本身来讲，区块链技术是一个糅合了分布式计算、点对点网络和密码学的集成技术。有专家认为，区块链使得互联网有可能形成一个有价值的、信用可靠的互联平台，这被认为是下一代互联网的重要发展方向。

由于区块链技术具备分布式、防篡改、高透明和可追溯的特性，区块链技术非常符合金融系统的业务需求，因此目前已在支付清算、信贷融资、金融交易、证券、保险、租赁等细分领域得到应用。

目前，区块链主要有公有区块链、行业区块链、私有区块链三种类型。公有区块链是最早的区块链，也是目前应用最广泛的区块链。世界上任何个体或者团体都可以在公有区块链发送交易，且交易能够获得该区块链的有效确认，任何人都可以参与其共识过程。行业区块链是由某个群体内部指定多个预选的节点为记账人，每个块的生成由所有的预选节点共同决定，其他接入节点可以参与交易，但不过问记账过程，其他任何人可以通过该区块链开放的 API 进行限定查询。私有区块链可以是一个公司，也可以是个人，独享该区块链的写入权限，它与其他的分布式存储方案没有太大区别。

区块链的应用部门和应用行业十分广泛。

国外的区块链发展基本上是基于金融创新带动别的行业创新；在中国，除了金融创新外，更重要的是在各个行业的应用。2018 年 6 月 25 日，全球首个基于区块链的电子钱包跨境汇款服务在香港上线。香港的支付宝用户可以通过区块链技术向菲律宾钱包汇款。在区块链技术的支持下，跨境汇款从此能做到像本地转账一样，实时到账、省钱、省事、安全、透明。中国移动、中国电信、中国联通相继发布各自的 5G 套餐，意味着 5G 由此进入正式商用阶段，表明运营商第一步的 5G 网络建设基本到位。区块链和 5G 二者相辅相成，一定能产生更多火花，这也是一个跨界融通的过程。

房地产行业也是区块链技术的潜在用户，能让整个产业链流程变得更加现代化，解决每个人在参与房地产面临的各种问题，包括命名过程、土地登记、代理中介等。

物流供应链行业往往涉及诸多实体，包括物流、资金流、信息流等，这些实体之间存在大量复杂的协作和沟通。传统模式下，不同实体各自保存各自的供应链信息，严重缺乏透明度，造成了较高的时间成本和金钱成本，而且一旦出现问题，难以追查和处理。通过区块链各方可以获得一个透明可靠的统一信息平台，可以实时查看状态，降低物流成本，追溯物品的生产和运送全过程，从而提高供应链管理的效率。当发生纠纷时，举证和追查也变得更加清晰和容易。该领域被认为是区块链一个很有前景的应用方向。

区块链技术为助推物联网发展，为每一个设备分配地址，给该地址注入一定的费用，可以执行相关动作，从而达到物联网的应用。如用于监测点数据获取、服务器租赁、网络摄像头数据调用等。另外，随着物联网设备的增多，大量设备之间需要通过分布式自组织的管理模式，并且对容错性要求很高。区块链自身分布式和抗攻击的特点可以很好地试用到这一场景中。一些大公司在物联网领域已经持续投入了几十年的研发，目前正在探索使用区块链技术来降低物联网应用的成本。

随着区块链技术的创新发展逐步成熟，产业应用的实际效果愈发显现，区块链的应用已从金融领域延伸到实体领域。有专家表示，区块链技术未来在我国政务、金融、民生等相关领域具有广阔应用前景。比如，通过区块链技术，可以实现政务数据的分布式共享；又如，供应链上的龙头企业可以通过区块链将自己的信用传导到小微企业，进而部分解决融资难、融资贵的问题；再如，艺术家们可以使用区块链技术来声明所有权，作品的发行可编号，限量版的作品可以针对任何类型艺术品的数字形式，艺术家们可以通过个人的网站进行买卖，而无需任何中介服务。

我国从事人工智能技术的科技人员们已充分认识到区块链技术的核心价值，正在积极探索和拓展技术落地，加快区块链技术在金融、民生、政务、工业制造等领域的应用落地。

　　人们有理由相信，自主创新的区块链技术，将会为多个行业的产业升级打开巨大的想象空间，甚至有业内专家预言区块链技术将掀起第二次互联网革命。

第四章　人工智能技术应用

1997 年，IBM 公司的"深蓝Ⅱ"超级计算机，击败了当时的国际象棋冠军标志了人工智能技术的一个完美表现。到近些年，"AlphaGo"击败了当代职业围棋界的领军人物，表明人工智能的发展到了一个比较高端的程度。为此，全世界兴起一股人工智能技术热。

一门新技术的产生与成熟，要经过"三起三落"，会经历过山车式的发展轨迹。人工智能技术的发展也不例外，人工智能技术出现过那几次"起落"，它还会"落"下去吗？谁也说不准，但是，人工智能技术在许多领域得到应用是不争的事实，而且它们创造了奇迹，展示了广阔的应用前景。

"深蓝Ⅱ"击败了国际象棋冠军

一、开创"无人零售"新纪元

2017 年 7 月 8 日，在杭州市中心，全球第一家无人超市开业了！使用手机淘宝或者支付宝扫码，便可直接进店！

无人超市成了杭州市民谈论的话题，也是各种媒体关注的热点。有人说，这将是一场波及全中国零售行业的大风暴！

无人超市是人工智能技术在商贸领域应用的结果，是中国人工智能技术在商贸领域应用领先于世界的一个标志性事件，是中国人工智能技术研究人员的骄傲！

无人超市怎么能实现无人管理？无人超市能走进我们的生活吗？

1. 走进无人超市

全球第一家无人超市开业那天，好奇的顾客在入口处排起了长龙，大家都想去体验一下无人购物的便利，他们在排队等候入场！让我们也跟着去看看！

顾客扫码完成后，闸机门就自动打开了。当你进入这家无人超市后，发现里面分成两个区：超市区和餐饮点单区。这两个区域的结算方式略有不同。

先来看一下超市区，整个超市没有一个售货员！玩具、生活用品、日用品、饮料等商品，琳琅满目，应有尽有！拿起就走！一切看起来和传统超市基本没什么区别！

有心存侥幸者想把商品放进口袋或放进书包，试试能不能浑水摸鱼？不可能！系统都能识别，并自动扣款。顾客拿完了商品，直接就可以出门。出门时，顾客要经过两道"结算门"：第一道门会感应你即将离店的信息，并自动开启；第二道门是最关键的一道门，当你走到这道门时，屏幕会显示"商品正在识别中"，接着马上再显示"商品正在支付中"，自动扣款后，大门才开启。顾客的手机会自动收到扣款信息！

再来看一下餐饮点单区，由于餐饮比较特殊，还有服务员。但这里和传统的餐饮店完全不同。当顾客点好单后，只要在屏幕下方站着，头顶就会显示取餐号码和剩余时间。如果已经备好餐，就会显示：×× 号，请取单。

无人超市是人工智能技术在超市里的应用，由于无人超市没有人工成本，它的成本支出大约只有传统超市的四分之一。店主只须每天早上自己补货即可。再说，无人超市给顾客带来方便，取完商品，直接就可以出门，不需要在收银处排起长龙，可节省顾客时间。

顾客进无人超市，购物方便，步骤简单：第一步，扫码进店；第二步，选购商品；第三步，直接走人！对于无人超市来说，由于不需要导购员、收银员，没有人工成本，还可以延长营业时间，可实现24小时营业。

正是由于无人超市具有上述优势，它的出现会对传统超市和零售业带来冲击，会引发零售行业的大风暴！

杭州第一家无人超市开业

2. 无人超市里的科技创新

无人超市之所以能诞生，无人超市之所以能开业，得益于人工智能技术的发展，得益于互联网和现代通信技术的进步，特别是人工智能技术中的无线射频技术。

无人超市背后依靠的是物联网、人脸识别等人工智能技术的支持，随着人工智能技术的不断发展，无人零售慢慢地从概念变成了现实中的可能。

无人超市采用的是视觉传感器、压力传感器以及物联网支付等技术。其中，关键的是射频识别技术。每件商品添加了特制的电子标签，这是一种非接触式的自动识别技术。它通过射频信号自动识别目标对象并获取相关数据，识别工作无须人工干预，可工作于各种恶劣环境。

通过这个电子标签，不单超市的收银系统可以辨识顾客买的是什么货品、多少钱，它还可成为门禁系统的一个组成部分。付款后可以让这个电子标签消磁，机器辨识后方可解锁大门。要是顾客身上携带了没有付款的货物，机器读出后会响起警报，督促顾客放回货品或付款。

无人超市里装备无人超市管理系统，顾客通过手机扫码打开店门，那里没有员工、自助结账、拿货就走，将选好的商品放在识别区上，有关商品的种类和价格会立刻显示在一侧的屏幕上。随后，通过扫描二维码，就可以完成支付。无人超市门口还有一个安全区，如果没有付款，语音就会提示"未支付商品，请放回货架"。如果已经付款，店门自动解锁，顾客可以径直出门。整个付款购物流程只需 1 分钟左右。

微博士

电子标签

电子标签，又称射频识别标签、应答器、数据载体，它与阅读器之间通过耦合元件实现射频信号的空间（无接触）耦合，实现能量的传递和数据交换。最基本的电子标签系统由三部分组成：标签，由耦合元件及芯片组成，每个标签具有唯一的电子编码，有用户可写入的存储空间，附着在物体上标识目标对象；阅读器，是读取标签信息的设备，设计为手持式或固定式；天线，在标签和读取器间传递射频信号。

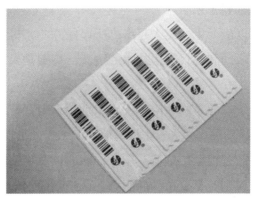

电子标签

3. 无人超市能走进我们生活吗

世界上第一家无人超市已经在中国城市中出现。它能遍地开花，走进我们的生活并取代传统超市吗？

从商业角度看，无人超市最大的优势是利用人工智能技术替代人力劳动，从而能够起到节约人力成本和提高店面效率的作用。但是，在人工智能技术不够成熟的情况下，虽然节省了一定的人力成本，但整个系统的运转和维护是需要成本的，甚至可能会更高。管理成本是否真的降低还有待观察，这是目前制约无人超市不能规模化发展的一个重要原因。

而且，电子标签本身也存在一些问题。例如，无法识别玻璃等特殊材质的商品；如果标签被紧紧捏住，则不会被识别到；而且在人流量密集时，也容易出现识别不到的问题。不过，这些问题都是可以随着科技发展得到解决的。

在人们还在观望无人超市会否受限于技术、物联网、安全性等等原因能否走下去的时候，纳凉的大爷、大妈走进了众人的视野。

这是怎么一回事儿呢？

原来天气炎热，一群大爷、大妈跑进了杭州开设的无人超市避暑，在超市席地而坐、聊家常，并把超市围个水泄不通。

从经济学的角度而言，无人超市的设备投入、房租和电费都是固定投入，耗费一定成本。它们实际上都属于"沉没成本"，它与大爷、大妈们来与不来无关，空调总是要开，电费一直存在。由于商场本身就是沉没成本，占营业成本大部分。因此，尽可能地吸引客流，并延长客户的停留时间，诱发购买行为，就成为摊薄沉没成本、增加利润的上策。

再说，无人超市实行的扫码实名认证入店、自动识别、扫码收银、手机支付以及传感器检测和监控，这些都是把手机二维码功能和一般超市的设备结合，这并非本质上的创新。对顾客来说，依次扫码进店、超过五件商品需分批结算等，都增加了时间成本。

正是由于无人超市的特色仅是"无人"，新鲜感相当有限，其特色在于搜集数据。当下很多企业都重视采集数据，认为采集数据越多越好，实际现在重点应该转向如何运用好数据，由此延伸服务，开拓新领域。

对无人超市来说，把采集的数据仅用于店面本身，其作用是有限的。站在这个角度考虑，如何提高数据应用能力，进一步为公众服务，才是相关企业更需关注的课题。

无人超市是否会成为新趋势，谁也说不准，只能等待时间检验。需要指出的是，顾客不只想着体验新鲜事物，更想无人超市能给他们带来实惠、带来便利。

有人预测，无人超市将为零售业带来更新的变革。租金、人工和水电是超市经营的三大成本，其中人工成本是可以变化的。所以，无人超市的出现确实开启了零售的新纪元。

在一些专家看来，无人超市是无人值守系统在传统超市的应用，对传统超市的冲击会越来越大。随着无人超市的产品和经营更加标准化，而消费群更加年轻化、更加追求便捷，促使传统超市向无人超市变革是不可避免的。随着智能时代的来临，无人超市会发展、会改善，一切都充满了可能，或许明天无人超市就会遍地开花，让我们拭目以待！

微博士

射频识别技术

射频识别技术，是一种通信技术，通过无线电信号识别特定目标，并读写相关数据，而无须识别系统与特定目标之间建立机械或光学接触。无线电信号是通过调成无线电频率的电磁场，把数据从附着在物品的标签上传送出去，以自动辨识与追踪该物品。标签包含了电子存储的信息，数米之内都可以识别。

二、街头的无人驾驶汽车

2018年2月15日，中央电视台的春节晚会舞台开场不久，镜头切换到了"世纪工程"港珠澳大桥上，一支由百度"阿波罗"、比亚迪、金龙、智行者联手打造的新能源乘用车、微循环巴士、扫路机和物流车组成的无人驾驶车队，精准流畅地走着"蛇"形路线在驶行。

无人驾驶汽车亮相的时间不长，但却足够醒目。无人车一辆接一辆"走8

字"前进，快速穿过港珠澳大桥。

这是在"作秀"吗？

是的，是在"作秀"，"秀"的正是科技进步。但是，这支无人驾驶车队折射出的是中国无人驾驶的发展成绩与雄心！

1. 中国无人驾驶车发展历程

还在 1980 年，就在美国无人驾驶技术开始起跑之时，我国也开始了相关技术研究。那年，"遥控驾驶的防核化侦察车"项目被国家立项，哈尔滨工业大学、沈阳自动化研究所和国防科技大学三家单位参与了该项目的研究、制造。

"八五"期间，由北京理工大学、国防科技大学等五家单位联合成功研制ATB-1 无人车，这是我国第一辆能够自主行驶的测试样车，行驶速度可以达到每小时 21 公里。它的诞生标志着中国无人驾驶车正式起步，无人驾驶技术研发也正式启动。在"九五"期间，ATB-2 无人车研制成功，它与 ATB-1 相比，其功能得到了大大的加强，直线行驶速度最高可达到每秒 21 米。2005 年，ATB-3 无人车研制成功，在环境认知和轨迹跟踪能力上得到进一步加强。

"863 计划"颁布后，在国家自然科学基金会的支持下，很多大学与机构开始研究无人车。2009 年，首届中国"智能车未来挑战赛"在西安举行，数十家大专院校的数十辆无人驾驶车辆先后参加该项比赛。这次比赛很大程度上促进了无人驾驶的技术发展。首届智能车未来挑战赛前三名车辆，分别来自湖南大学、北京理工大学及上海交通大学。

2011 年 7 月 14 日，红旗 HQ3 首次完成了从长沙到武汉 286 公里的高速全程无人驾驶试验，实测全程自主驾驶平均时速 87 公里，创造了我国自主研制的无人车在复杂交通状况下自主驾驶的新纪录。这标志着我国无人车在复杂环境识别、智能行为决策和控制等方面实现了新的技术突破。

2015 年 8 月 29 日，宇通大型客车在完全开放的道路环境下完成自动驾驶试验，共行驶 32.6 公里，最高时速 68 公里，全程无人工干预。这是国内首次自动驾驶试验，目前已经接受载人测验。

2015 年 12 月，百度无人驾驶汽车完成北京开放高速路的自动驾驶测试。百度无人车的出现，对于中国无人驾驶来说同样意义非凡，这意味着一项技术从科研开始落地到生产。

2016年4月，长安汽车成功完成2 000公里超级无人驾驶测试，此次长距离无人驾驶测试总里程超过2 000公里，历时近6天。

2016年6月7日，首个国家智能网联汽车试点示范区成立。这意味着中国的智能网联和无人驾驶汽车从国家战略高度正式进入实际操作阶段。

从中国无人驾驶车发展历程中，可以看出中国无人驾驶的"起跑线"与欧美差距并不是太大。相反，中国在互联网尤其是移动互联网、"大数据"和云计算等相关技术应用上还有着一定基础和优势。而且，中国作为人口和汽车大国，在巨大的需求刺激、引导下，无人驾驶将加速技术与商业双向突破。

微博士

"863计划"

"863计划"是我国的一项高技术发展计划，于1986年3月启动。这个计划是以政府为主导、以一些有限的领域为研究目标的一个基础研究的国家性计划，主要的科学研究集中在生物技术、航天技术、信息技术、激光技术、自动化技术、能源技术和新材料领域。

首届中国"智能车未来挑战赛"

2. 百度"阿波罗"啥模样

在中央电视台的春节晚会舞台上进行科技展示表演的这支无人车队是中国无人驾驶汽车的"国家队",它是由 IT 巨头百度与比亚迪、金龙等车企合作打造。

百度是中国 IT 巨头,它于 2014 年 7 月 24 日,启动"百度无人驾驶汽车"研发计划。这样,百度的自动驾驶汽车项目成为国家新一代人工智能开放创新平台之一。

初一看,百度"阿波罗"的模样与一般的小轿车差不多,实际是百度公司进行精心准备的杰作。百度将"大数据"、地图、人工智能和百度汽车大脑等一系列新技术应用于自动驾驶汽车上。百度无人驾驶汽车的技术核心是"百度汽车大脑",包括高精度地图、定位、感知、智能决策与控制四大模块。它基于计算机和人工智能,模拟人脑思维的模式,拥有 200 亿个参数,通过模拟人脑的无数神经元的工作原理进行再造,能存储,会"思考"。

在百度无人驾驶汽车上装备有雷达、相机、全球卫星导航等电子设施,并安装同步传感器,可自动识别交通指示牌和行车信息。车主只要向导航系统输入目的地,汽车即可自动行驶前往目的地。在行驶过程中,汽车会通过传感设备上传路况信息,在大量数据基础上进行实时定位分析,从而判断行驶方向和设定速度。

2015 年 12 月,百度无人驾驶车在国内首次实现城市、环路及高速道路混合路况下的全自动驾驶。百度公布的路测路线显示,百度无人驾驶车从位于北京中关村软件园的百度大厦附近出发,驶入 G7 京新高速公路,经五环路,抵达奥林匹克森林公园,随后按原路线返回。百度无人驾驶车往返全程均实现自动驾驶,并实现了多次跟车减速、变道、超车、上下匝道、调头等复杂驾驶动作,完成了进入高速(汇入车流)到驶出高速(离开车流)的不同道路场景的切换。测试时最高速度达到 100 公里 / 小时。

2016 年 7 月 3 日,百度与乌镇旅游举行战略签约仪式,宣布双方在景区道路上实现 Level 4 的无人驾驶。这是继百度无人车和芜湖、上海汽车城签约之后,首次公布与国内景区进行战略合作。11 月 16 日,随着第三届世界互联网大会在乌镇召开,18 辆百度无人车在桐乡市子夜路智能汽车和智慧交通示范区内首次进行开放城市道路运营。

2017 年 4 月，百度首次在上海车展公布"阿波罗"计划，7 月，宣布了"阿波罗 1.0"版本，9 月，宣布了"阿波罗 1.5"版本。接着，百度宣布了"阿波罗 2.0"版本，2018 年 1 月 5 日是"阿波罗 2.0"版本首次在美国加利福尼亚州公共道路上行驶。这是百度"阿波罗"计划的一个巨大飞跃，将具备最开放、最完整、最安全的自动驾驶能力，支持简单的城市道路自动驾驶。

百度"阿波罗"自动驾驶车

3. 中国无人驾驶车的未来

无人驾驶汽车会在什么时候、以什么形式进入大众日常生活？

作为汽车生产企业，自然希望一步到位的模式，即直接将无人车卖给消费者，然后提供售后服务。但是，现实情况是无人驾驶技术不足以应对足够复杂多样的场景，无法让消费者自由使用无人驾驶。此外，无人驾驶较高的成本也形成门槛。我国汽车的普及率已经相当高，并且作为一种低频的大额消费，消费者没那么容易换车，这意味着无人驾驶汽车很难快速切入这个庞大的市场。

因此，中国无人驾驶企业的商业化探索更多集中在另一条道路上：先从较小、较简单的特定区域或特定场景起步，提供带有公共或者共享性质的无人驾驶出行服务而非无人车产品，谋求接入现实生活得以应用，再逐步推广。这样，无人网约车、无人专车、无人租车作为一种新业态出现了，它们更适合市场需求。共享模式下消费者乘坐无人驾驶汽车的门槛大幅降低，进而提速无人驾驶商业化、市场化的进程。

景驰科技是一家提供智能出行服务的企业，它们不是卖汽车，而是提供"随叫随到"的智能出行服务。这家企业先在路况比较简单的广州国际生物岛投放无人驾驶汽车。该岛是珠江的一个江心岛，面积约1.83平方公里，景驰科技的Level 4级无人驾驶汽车以每小时40公里的速度环岛行驶，可以轻松地完成识别红绿灯并自动反馈、躲避行人、变道、超车等动作，全程耗时约十五六分钟。该企业再逐步向路况更为复杂的区域延展，循序渐进扩大覆盖范围。如果各方面条件成熟，他们准备在未来两三年内在广州投放超过万辆的无人驾驶汽车。

小马智行也有类似思路，这家企业也以无人驾驶汽车的运营服务为主。计划在广州南沙的一个较小区域开展试运营，并逐步扩大，将其打造成一个面积约30平方公里的无人驾驶示范运营区。小马智行还准备打造一套无人网约车调度系统，并准与更多第三方平台合作，以扩大用户覆盖面。还准备在园区景区、港口物流等场景，进行无人驾驶车的"常态化试运营"。

虽然在无人驾驶技术上，中国与欧美国家仍有差距，但中国却有望成为最大的自动驾驶车辆市场。据波士顿咨询公司的研究数据，中国将在15年内成为最大的自动驾驶车辆市场，而自动驾驶出租车极有可能引领这股潮流。

这场日渐激烈的全球竞赛，中国能否胜出？哪种模式适合未来汽车市场？

让我们拭目以待！

微博士

无人网约车

无人网约车，即无人驾驶打车服务。谷歌的自动驾驶公司Waymo，由于搭载了谷歌人工智能技术，使得无人驾驶汽车可以实时感知物体，智能判断其他车辆的行动，在仿真状态进行模拟行车，进行学习积累。该公司已经在美国凤凰城公路上测试无人驾驶打车服务。Waymo无人驾驶车项目已获得官方许可，成为美国首个商用的无人驾驶叫车服务项目。多家著名汽车公司已经与

Waymo 达成协议，为其提供数千辆无人驾驶汽车，准备在美国市场推出无人驾驶出租车服务，并准备扩展欧洲无人驾驶出租车服务。

谷歌的"无人网约车"

三、中国智能无人机集群起飞

2016 年，美国科幻片《独立日：卷土重来》上映，影片中多次出现海量无人机集群作战的片段。

2017 年 6 月，美国科幻片的类似场景在中国大地上空出现：119 架小型固定翼无人机，成功演示了密集弹射起飞、空中集结、多目标分组、编队合围、集群行动等动作。

无人机和无人机集群起飞是人工智能技术在航空领域应用的结果。虽然，中国不是最早研制无人机的国家，中国也不是最早集群起飞无人机的国家。但是，119 架无人机集群起飞的成功表明中国无人机集群起飞在数量上相对领先。

人工智能技术使得无人机能以集群替代机动、数量提升能力、成本创造优势的方式，重新定义着未来力量运用的形态，将成为改变游戏规则的颠覆性力量。

1. 无人机集群

自然界里有许多生物集群活动，存在许多群体，如蜂群、鸟群、狼群、鱼群，无人机可不可以集群行动？

无人机是人工智能技术在航空领域的应用结果，自无人机问世以来，随着科学技术，特别是人工智能技术的进步而发展。

作为一种新型装备，无人机发展得很快，应用广泛，有民用，有军用。无论应用在哪个领域，无人机总是单架使用，单架升空，单架操纵，执行单项任务。现代科学技术的发展，特别是传感器技术、通信技术、信息处理技术、智能控制技术以及武器和动力系统技术的发展，使得无人机集群成为可能。

人们常说三五成群，三个、五个也可以叫群。但是，所谓无人机集群是让几十架、几百架无人机同时升空，执行一项任务。这在国防军事应用领域是激动人心的，一个集群出去了，即使有一部分飞机失能了，或者被摧毁了，并不太影响整个集群实现它的任务。无人机集群的飞行概念就这样出现了。

但是，固定翼无人机群编队飞行存在许多技术难题，因为无人机群速度快，飞行半径大。其对编队队形、航迹规划、信息交换都有非常高的要求，其基础是强大的操控系统。人工智能技术的发展，使得大规模、低成本、多功能的无人机集群，通过空中组网、自主控制、群智决策来解决无人机群编队飞行的技术难题。

无人机集群技术能使无人机密集地弹射起飞，在很短的时间内，把大量的飞机给发射出去；无人机集群中的无人机在空中可能是分散的，但它们可以在某一个预定的区域，实现一个空中的集结；无人机集群是可以针对多个目标，实现自动分组；无人机集群还可以针对多个目标，并把这些目标围起来。

无人机集群拓宽了无人机应用领域，无人机集群可以应用于多种探测感知、侦察、应急通信，甚至实施空中攻击等任务。

美国人首先将无人机集群付诸实践。2015年，美国海军实现了50架固定翼无人机集群飞行。

2016年，在第十一届中国国际航空航天博览会上，我国公布了第一个固定翼无人机集群飞行试验，并以67架飞机的数量打破了之前由美国的50架固定翼无人机集群飞机数量的纪录。

两个月后，美国释放了103架固定翼无人机，突破了中国创造的67架飞机的纪录。

2017 年 6 月，中国弹射了 119 架小型固定翼无人机，继续保持无人机集群飞行数量的记录。这表明，中国无人机研发团队已经攻克了无人集群的核心技术，预示着中国在这一领域已经取得突破性进展，进入无人系统技术的全球第一梯队。

中美之间的竞赛也好，超与反超也好，都不是关键，因为无人机集群还有很多其他的关键技术有待攻破，而且对于无人平台的建设，无人机集群工程化、标准化及尽早实用化，这些任务等着中国无人机研发团队去实现。无人机集群在中国已经开始应用试验，2019 年 8 月 29 日—9 月 19 日，江苏省电力有限公司开展全省 500 千伏及以上输电线路通过无人机巡检专项行动，线路通道巡检总长达 9 573 千米，保证了电网的安全稳定运行。

2. 无人机集群改变游戏规则

随着人工智能、网络信息、微电子、先进平台、增材制造等五大新兴技术的发展，无人集群呈现系统智能化、网络极大化、节点极小化、平台多样化、成本低廉化五大特点，并加速推进无人集群向装备系列化、应用多样化、覆盖全域化快速发展。

从世界无人机产业发展情况来看，国防军事领域应用仍是无人机产业的主要市场。特别是未来和当下信息战的需求，使得无人机成为当前军事大国武器装备的发展重点，以无人机为代表的通用航空产业已成为发达国家一个重要的支柱产业。

与单机作战平台相比，无人机机集群在作战时具有以下优点：

第一，功能分布化，像相控阵雷达一样，不会因为某一个点的损坏而失效。在智能无人集群编队中，没有哪架无人机是核心或者重要节点，每一架无人机都有用，但又不会因为部分无人机被击落而失去完整性。所以，国际上又把这种编队作战模式，称为"蜂群作战"。

第二，作战成本低，效费比非常高。如果用于编队攻击，将让"饱和打击"呈现出前所未有的态势。

第三，体系生存率高，在对抗过程中，当部分无人机失去作战能力，整个无人机集群仍可以继续执行作战任务。

在目前的武器库里，想要消灭一个庞大的无人机编队，实在是太难，而且成本太高！一个士兵或许可以杀死一只老虎，却无法消灭一群扑来的带刺的蜜蜂！目前，国内外已有多家单位实现了多旋翼无人机集群编队的实际飞行技术验证，然而对于固定翼无人机的集群编队仍处于仿真模拟阶段。相比于旋翼无人机平台，固定翼无人机具有速度快、载重大、航程长等特点，在军事作战领域具有极大的应用价值。

无人机集群编队可以执行多种战斗任务，在侦察、攻击和电子战中都可以使用。中国的智能无人集群已经试验了密集弹射起飞、空中集结、多目标分组、编队合围、集群行动等，处于世界领先地位，这是中国科技人员的努力结果。无人机集群起飞技术可以说是颠覆性技术，它改变了军事力量对比和世界格局，其意义和价值是非常巨大的。

在未来的战场上，很可能不再是有血有肉的士兵，而是成群结队的群化武器系统，是以无人装备为主体的人工智能较量。因为，"零伤亡"的需求必然使战争进入"无人"时代，而"无人"时代的迅猛发展又使作战进入了"无人集群"时代，这是军事发展史上的一个超越。"集群智能"作为一种颠覆性技术，一直被各国视作无人系统人工智能的核心。同样，"集群智能"也是未来无人机集群的突破口。把无人机集群作为一个整体来控制，对未来无人机集群作战及应用方面有广阔的前景。

微博士

无人机

无人机是利用无线电遥控设备和自备的程序控制装置操纵的不载人飞机，或者由车载计算机完全地或间歇地自主地操作。无人机按应用领域，可分为军用与民用。军用方面，无人机分为侦察机和靶机。随着高新技术发展，无人机的研制取得了突破性的进展，特别是智能军用无人机出现，将会重塑21世纪的作战新模式。

四、在水下滑翔的"海燕"

2017年1月10日，天津大学向媒体公布了该校四项获2016年国家科技奖的科技成果，其中突破国外技术封锁自主创新的水下滑翔机"海燕"尤其令人瞩目。

拥有国际先进水平的水下滑翔机"海燕"是中国人工智能技术的一大成就，也是建成世界海洋强国重要的标志性成果之一。

1. 从捕获无人水下航行器说起

2016 年 12 月 16 日报道，美国国防部一名官员当天表示，中国海军在南海国际水域捕获一艘美国的无人水下航行器。

据海外媒体报道，事件发生于 12 月 15 日的苏比克湾西北方向 50 英里（约 80.47 公里）处。当时，这艘美国的无人水下航行器在进行海底地形探测作业，被中国海军的打捞救生船捞起。

被中国捞走的无人水下航行器是美国一家公司研制的无人水下滑翔机，它是美国人工智能技术在军事领域的成果。它从 2015 年开始为美国海军服务，被用于在亚太地区执行水文调查任务。它还可以在水下编队航行，实施大范围的情报搜集。

美国为了实施它的全球战略，大力发展无人水下航行器，利用它到传统海上力量无法到达的海域收集情报，开展非战斗性海军活动，如搜集气象和海洋数据、监测海水的盐度和温度、绘制水文地图等。美国海军已装备了数百艘执行各种任务的无人水下航行器。

美国海军装备研制办公室确定了未来 12 种新型海战武器。无人水下航行器是其中的重点。美国海军眼下正在加紧研制新一代无人水下航行器，这些都是美国人工智能技术在军事领域应用的新成果，使之能作为美国海军潜艇的"助手"，实施水下侦察、收集海洋情报和水下作战。

美国海军潜艇中那些体积大、吨位大的潜艇，根本无法在近海浅水海域作战，即使是在水深 100 米以上的近海活动，也很容易被对方反潜兵力发现和攻击。为此，美国海军大力发展无人水下航行器。

被称为"水下滑翔机"的无人水下航行器集能耗小、成本低、航程大、运动可控、部署便捷等优点于一身，具备独立在水下全天候工作的能力，它可以在海洋科学、海洋军事等领域发挥重要作用。所以，世界海洋强国都重视"水下滑翔机"的发展，并把"水下滑翔机"的研究成果应用到军事装备设计中。

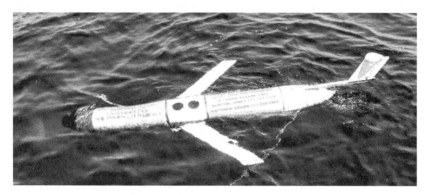

在南海捕获的美国无人水下航行器

2. "海燕"水下滑翔机

中国要成为一个海洋强国，中国海军要走向蓝水海军，要发展无人水下航行器是十分自然的事，中国有不少科研单位在从事无人水下航行器的研制，天津大学的"海燕"水下滑翔机是其中佼佼者。

天津大学王树新教授团队历经十余年，从基础理论、技术攻关、设计制造、系统集成四个层面开展研究，研制成功混合驱动水下航行器。这款"海燕"水下滑翔机，采用最新的混合推进技术，可持续不间断工作30天左右。相比于传统无人潜水器，可谓身轻体瘦。它形似鱼雷，身长1.8米，直径0.3米，重约70千克。它融合了浮力驱动与螺旋桨推进技术，不但能转弯、水平运动，而且具备传统滑翔机剖面滑翔的能力。

难能可贵的是天津大学的"海燕"水下滑翔机研发团队是突破了国外技术封锁、自主创新取得的科研成果。它按照中国国家高技术研究发展计划（"863计划"）的安排，进行研制及海上实验研究，参加了规范化海上试验中期评估。在第三方全程监督下，圆满完成了单周期、多周期及长航程等一系列任务，它是在南海测试的诸多水下滑翔机中唯一全程无故障完成所有项目的水下滑翔机。

"海燕"水下滑翔机在测试中连续运行时间超过21天，其间经受了浪高约4米的恶劣海况考验，连续航程水面累计超过600公里。它在南海北部水深大于1500米的海域通过测试，创造了中国水下滑翔机无故障航程最远、时间最长、剖面运动最多、工作深度最大等诸多纪录。

这款"海燕"水下滑翔机的设计最大深度1 500米，最大航程1 000公里，目前已具备水下滑翔机产品定型与批量生产条件，可适应不同用户的需求。在未来应用中，这款水下滑翔机很可能凭借灵活小巧的身姿，较长时间地跟随海洋动物，与鲸共舞，获取数据。这款水下滑翔机也可通过自身负载能力，并通过扩展搭载声学、光学等专业仪器，成为海底的"变形金刚"，可在海洋观测和探测领域大显身手。

我们在这里祝愿中国创造的"海燕"，能像高尔基的名作《海燕》中赞美的那样"在苍茫的大海上，狂风卷集着乌云"之间"像黑色的闪电，在高傲地飞翔"，祝愿中国创造的"海燕"能像"黑色的闪电，箭一般地穿过乌云，翅膀掠起波浪的飞沫"，像战士一样去拼搏，去奋斗！

微博士

无人水下航行器

无人水下航行器是一种利用无人水下航行器技术建造的水下潜航器，能够顺利执行各种使命。无人水下航行器技术包括六项关键技术：长续航力推进/能源、水下通信、大地和相关导航、任务管理/控制、传感器、信号处理以及航行体设计。美国是发展无人水下航行器最多的国家，美国海军已装备了数百艘执行各种任务的无人水下航行器。

"海燕"水下滑翔机

水下滑翔机在潜航

五、空无一人的全自动码头

2017 年 5 月 11 日，一座全球领先、亚洲首个真正意义上的全自动化集装箱新码头在青岛港正式启用了。这不是一座传统意义上的码头，这里颠覆了延续几十年的集装码头作业和管理模式，整个码头作业现场空无一人，只见机器人来回穿梭，在自动装卸集装箱。

码头作业现场怎么能空无一人？全自动码头是什么样的？

这是人工智能技术创造的奇迹，是人工智能技术在港口的应用。

1. 青岛全自动码头的秘密

古今中外，码头是一个熙熙攘攘的地方，码头工人来来往往，汗流浃背地装货、运输，24 小时连轴转。昔日的青岛港码头自然也是这样。然而，这一天，青岛码头"空无一人"，码头工人为何不干活？

码头上没有码头工人在干活，生产作业却有条不紊地进行。

看，青岛码头停靠着一艘集装箱船，船上 4 500 个集装箱正在等待装卸。和以往不同的是，这码头变了样，这不是一座传统意义上的码头，也不是局部意义上的自动化，它已经变成全自动码头。

集装箱船还没靠泊，这座全自动码头就根据这艘集装箱船发来的信息，自动生成作业计划，并下达指令。先是岸桥上的巨型吊车可以自动定位到集装箱船上的集装箱后自行作业，把集装箱吊到转运平台上，自动拆锁垫。然后，把集装箱装卸到一辆自动导引车上。

105

这种无人驾驶的自动导引运输车（AGV）是一种自动化小车，可以自行按照既定路线前往指定地点。所以，它就是一种无人驾驶工作车，是全自动码头的"机器人搬运工"。整个码头有30多辆这样的自动导引运输车在来回不停地穿梭，相互间不会发生碰撞或者摩擦。这种自动导引车自重20—30吨，加上集装箱的重量，全车可达70吨，由于停启位置十分精确，停车误差不会超过2厘米。最后，轨道吊把集装箱精准地吊送到堆场。

集装箱装卸过程不需要人工操控，无人驾驶的导引车行云流水般完成装卸。这是振华重工研发的首个自动化码头装卸系统创造的奇迹，经过青岛港项目团队历时3年、经过5万多次测试，自主研发出来的，它打破了国外垄断。这套自主研发的新一代控制系统建设成本仅为国外同类码头的75%，生产效率提升30%，减少人力70%。

正是装备了这套自主研发的全自动码头控制系统，使得青岛码头不再是一座传统意义上的码头，也不是局部意义上的自动化。青岛港全自动码头有灵魂、会思考，能进行智能决策、系统管理，变革了集装箱装卸生产模式、管理模式。正是这套自主研发的新一代控制系统，使得青岛港在世界航运舞台上开创新的中国奇迹，使得海外码头公司在主动寻找青岛港项目团队合作。这验证了科技就是第一生产力，青岛港全自动码头控制系统使中国又成为世界技术应用的前列！

2. 中国"智"造的奇迹

要是说正式启用的青岛港是一座全球领先、亚洲首个真正意义上的全自动化集装箱新码头，那么上海洋山深水港四期工程建设的则是全球最大集装箱全自动化码头。

上海洋山深水港四期工程建设的全球最大集装箱全自动化码头，拥有全球最大的规模和体量，将成为全自动化码头的"集大成者"。这个全球最大集装箱全自动化码头也装备振华重工研发的自动化码头装卸系统，洋山四期工程拥有2 350米的岸线，一次性建成7个泊位。2017年底开港后，形成每年400万标箱的吞吐能力。后期会继续扩大规模，最终会有26台岸桥、约120台轨道吊和超过130辆自动导引运输车投入使用，吞吐量将达到每年630万标箱。

目前世界上已建成的自动化码头中，没有一个码头的自动导引运输车数量超过 50 辆。随着导引运输车数量增长，自动化码头装卸系统的复杂程度和对算法的要求将成倍增加。自动化技术的大范围应用，在推动港口朝智能化方向发展的同时，也将极大程度地释放港口工人的劳动生产力。以往，桥吊司机坐在近 50 米高的控制室里，需要依靠肉眼和手动操作，将几十吨的集装箱精准平稳地摆放到船上。而今，在这个全球最大集装箱全自动化码头中，操作人员坐在中央控制室里，轻点鼠标就能完成这一过程。

随着洋山深水港四期工程的建成，将把上海港的吞吐能力提升到 4 000 万标箱以上，继续稳居世界第一大港。数量不是关键，洋山深水港四期工程整个项目的生产调度，均由上港集团自主开发的码头操作系统承担。这样，这座自动化码头运行的"神经"和"大脑"，均实现了国产化，这得益于中国"智"造的进步，正是由于洋山深水港四期工程的建设挑战港口科技巅峰，使得上海港的运营水平稳居世界前列，并使上海港从"大港"到"强港"。

洋山港集装箱全自动化码头建成后，相比前三期，岸线更短、占地更少，效率会进一步提升。那时洋山港将串起长江经济带和海上丝绸之路，它一手牵着长江经济带，一手挽起海上丝绸之路。

微博士

集装箱码头

集装箱码头是专供集装箱装卸的码头，一般要有专门的装卸、运输设备，要有集运、贮存集装箱的宽阔堆场，有供货物分类和拆装集装箱用的集装箱货运站。集装箱码头是水陆联运的枢纽站，是集装箱货物在转换运输方式时的缓冲地，也是货物的交接点。因此，集装箱码头在整个集装箱运输过程中占有重要地位。

六、雾中幽灵——"翔龙"侦察无人机

2013 年 1 月 14 日，美国《防务新闻》周刊网站发表文章称，中国"翔龙"无人机再次出动，它像雾中一个若隐若现的幽灵现出真身。

"翔龙"无人机什么样？它派什么用处？

1. "雾中幽灵"的模样

高空长航时无人机出现在 20 世纪 90 年代，美国是最先发展高空无人战

107

略侦察机的国家，目的是打算取代有人驾驶的 U-2 高空侦察机，用于对敌对国家进行战略战术侦察。美国"全球鹰"就是高空无人战略侦察机的代表。

中国"翔龙"无人机首次露出神秘的面容是在 2011 年 6 月 28 日，"翔龙"无人机的原型机出现在成都一家飞机制造工厂的跑道上。目击者描述，黑色隐身涂装的机头下方写着"翔龙"两字，机尾垂翼上好像是 CF 的标志，下方有空军战机的徽记，目测比歼 -10 战斗机更大，而且机头很高。

根据媒体介绍，"翔龙"是一架自主研究和设计的大型无人机，属于高空无人战略侦察机，外形与美国的"全球鹰"无人机相似。据介绍，该机全长 14.33 米，翼展 24.86 米，机高 5.413 米，正常起飞重量 6 800 千克，其中有效载荷 600—650 千克，巡航高度为 18 000—20 000 米，巡航速度大于每小时 700 公里，作战半径为 2 000—2 500 公里，续航时间最大 10 小时，起飞滑跑距离 350 米，着陆滑跑距离 500 米。

"翔龙"无人机与常规飞机相比，具有结构结实、抗坠毁能力强、抗颤振能力好、飞行阻力小、航程远等优点。

"翔龙"无人机在机体设计上与美国的"全球鹰"无人机有些相似，在机身尾部背鳍上装有复合材料发动机舱，进气口形状为半椭圆形。机头上部同样是巨大的流线水泡形绝缘罩。任务载荷装在机头下部。起落架也为可收放的前三点起落架。但它也有自身特点，"翔龙"无人机上大量采用复合材料，机翼设计采用菱形布局，机身上曲线连续而光滑，都符合减小雷达反射面积的原则，具有隐形特性。据媒体推测，"翔龙"无人机的雷达截面积在 1 平方米左右，这样，可以缩短远程监视雷达和高空防御系统的发现距离。

像"全球鹰"无人机一样，"翔龙"无人机配备了许多高端电子设备：有高清晰度数字照相机，包括单色高分辨率和彩色图像两种模式；有高清晰度数字电视，能够提供动态的数字视频图像，方便实时监控；有独立的红外热成像通道，可以提供长波自然热辐射视频或中波热成像，对机动目标观察效果更好；有先进的合成孔径雷达，能在恶劣气候下获得高清晰度的地面三维图像，具备在恶劣气候条件下的机动目标跟踪和监视能力。

2."翔龙"无人机的军事用途

由于"翔龙"无人机能在高空进行长航时、长距离的飞行，机上装备多种先进的电子侦察设备，所以可用来执行多种军事任务。

首先，"翔龙"可用于执行高空侦察任务。无人机上装备的多种观察设备和侦察器材，使它能在 20 000 米的高空长时间飞行、实时监视整个太平洋沿岸地区。俄罗斯媒体称，如果成功启用"翔龙"无人机，那么中国将会成为世界上第二个能在广袤空域进行无人战略情报侦察的国家，可通过实时监视遥远的目标从而获得较大的战略和军事优势。

其次，"翔龙"可执行数字通信中继任务。无人机可以通过更换模块化的机头电子任务舱段执行数字通信中继任务，担负起一个很高的信号转发塔作用。用于类似于蜂窝移动通信概念的时候，一个无人机基站在 20 000 米高度工作，可以为半径为 200 公里的数十万门以上的无线短波通信提供中继和数字交换。同时，还可以利用多架同样任务的无人机在天空中组网，形成战时临时架设的无线数字通信中继交换网络，这比用有人飞机来实现同样目的的费用要低廉得多，效能却要高出数十倍以上。

第三，"翔龙"可执行电子干扰任务。由于"翔龙"无人机电子干扰吊舱的重量不大，可允许使用两个吊舱，将干扰源架设在高度 18 000 米以上的高度，不易遭受反辐射导弹的威胁。特别是使用新型的 GPS 干扰机，能够有效干扰和压制半径 400 公里以内的简单 GPS 设备、压制半径 150 公里以内有一定抗干扰能力的 GPS 接收机并让 60 公里半径以内的 GPS 接收机致盲。

第四，"翔龙"可执行"发现即摧毁"任务。有媒体介绍，"翔龙"无人机可以携带 1—2 枚 250 公斤级别制导炸弹，能够初步实现"发现即摧毁"。如果进一步扩展，还能够使用激光制导炸弹或电视制导导弹，可用来进行不对称作战。

自然，中国创造的"翔龙"无人机作为一种新生事物，有许多不完善、不理想的地方，需要进一步改进和完善。例如，它使用的发动机不够理想，导致其留空时间较短，只有 10 小时，和"全球鹰"的接近 20 小时不能相比。若是换装先进优化的低油耗涡轮风扇发动机，那么它的留空时间将有可能提高，有效载荷也能大幅增长。同时，该机可在较低的高度采用慢速飞行来提高对某一特定目标的监视和细节辨认能力。

虽然，中国"翔龙"无人机目前的技术特性还不足以使其执行全球规模的侦察任务，但却能大幅拓展中国对太平洋和亚洲地区的监测能力。相信经过改进的"翔龙"无人机将会成为高空无人战略侦察机的佼佼者。凭借"翔龙"带来的巨大侦测能力和对远程目标的实时监视能力，可获得显著的战略和军事优势。"翔龙"无人机在中国军事力量高科技建军重要转型中，担任非常独特而重要的一环。

微博士

无人侦察机

无人侦察机是指无人驾驶的专门用于从空中获取情报的军用飞机。它与有人侦察机相比，具有可昼夜持续侦察的能力，不存在飞行员的疲劳和伤亡等问题。特别适合在对敌方严密设防的重要地域实施侦察时，或有人驾驶侦察机难以接近的空域执行侦察，使用无人侦察机就更能体现出其优越性。无人侦察机已成为重要的空中侦察装备。现在世界最为著名的无人侦察机是美国研制的"全球鹰"无人侦察机。

七、智能技术的驱动器

"互联网是大众创业、万众创新的新工具。"2015年3月5日上午，在十二届全国人大三次会议上，政府工作报告中首次提出"互联网＋"行动计划。从此，"互联网＋"行动在中华大地上展开，并在许多部门和行业内应用。"互联网＋"已经改造、影响了多个行业，产生了许多"互联网＋"的杰作。

"互联网＋"既是大众创业、万众创新的新工具，也是人工智能技术的驱动器、助推器，促进了人工智能技术的发展。

1. "互联网＋"是什么

互联网的核心本质是将信息电子化，将电子化的信息进行传输和存储。互联网给人类社会带来的变革是颠覆性的。"互联网＋"是指"创新2.0"下的互联网发展新形态、新业态，是知识社会"创新2.0"推动下的互联网形态演进及其催生的经济社会发展新形态，也是互联网思维的进一步实践成果，它代表一种先进的生产力，推动着经济形态不断地发生演变，从而带动社会经济实体的生命力，为改革、创新、发展提供广阔的网络平台。

"互联网＋"理念于 2012 年 11 月第五届移动互联网博览会，由易观国际董事长于扬首次提出。他认为："在未来，'互联网＋'公式应该是我们所在的行业的产品和服务。"

其实，"互联网＋"就是互联网加入各个传统行业，但这并不是简单的两者相加，而是利用信息通信技术以及互联网平台，让互联网与传统行业进行深度融合，创造新的发展业态。它代表一种新的社会形态，即充分发挥互联网在社会资源配置中的优化和集成作用，将互联网的创新成果深度融合于经济、社会各领域中，提升全社会的创新力和生产力，形成更广泛的以互联网为基础设施和实现工具的经济发展新形态。

随着新一代信息技术和"创新 2.0"的交互与发展，人们的生活方式、工作方式、组织方式以及社会形态发生了深刻变革，产业、政府、社会、民主治理、城市等领域的建设须把握这种难得机遇，推动"企业 2.0"、"政府 2.0"、"社会 2.0"、合作民主、智慧城市等新形态的演进和发展。

中国在实施"互联网＋"的过程中有许多亮点：政府扮演引领者与推动者的角色，挖掘有潜力发展为"互联网＋"型的企业，为其他企业的发展树立标杆，同时建立"互联网＋"产业园及孵化器，融合当地资源，打造一批具备互联网思维的企业。企业是"互联网＋"热潮的潜在追随者。积极引进"互联网＋"技术，对在职员工进行再培训，增强对"互联网＋"的理解与应用能力，即可通过与各大互联网企业建立长期的合作关系，让互联网企业与传统企业相互交流，加快推动"互联网＋"发展。

微博士

"创新 2.0"

"创新 2.0"，是以前"创新 1.0"的升级，后者是指工业时代的创新形态，前者则是指信息时代、知识社会的创新形态。"创新 2.0"推动了科技创新主体由"产学研"向"政产学研用"、再向"政用产学研"协同发展的转变。所以，"创新 2.0"是面向知识社会的下一代创新，它的应用可以让人了解目前由于信息通信技术的发展给社会带来深刻变革而引发的科技创新模式的改变——从专业科技人员、实验室研发出科技创新成果，然后用户被动使用到技术创新成果中，转变为最终用户直接或通过共同创新平台参与技术创新成果的研发和推广应用全过程。"创新2.0"是知识社会条件下以人为本的典型创新模式。

2. "互联网+"应用领域

近年来，"互联网+"行动计划已有实施和推进，改造、影响了多个行业，互联网是大众创业、万众创新的新工具，产生了许多"互联网+"的杰作，"互联网+"主要应用在以下行业：

互联网工业，即"互联网+工业"，是指借助互联网等信息通信技术，改造原有产品及研发生产方式。传统制造厂商可以在工业产品上增加网络软硬件模块，实现用户远程操控、数据自动采集分析等功能，极大地改善了工业产品的使用性。互联网工业系统可分为三层：基础层是物联网络，运用物联网技术，工业企业可以将机器等生产设施接入互联网；中间管理层是企业资源管理系统和制造信息系统；上层营销层是电子商务平台，形成柔性化、协同化、网络化、定制化的智能工业制造模式。互联网工业生产模式是根据市场现实需求而定制的工业形态，提高了社会资源利用率，这对企业和社会来说是有益的。

互联网农业，即"互联网+农业"，指借助互联网等信息通信技术，改造、改进传统农业的生产方式和生产经营活动。互联网农业是一种新型农业形态，是信息化高度发展的产物，是互联网全方位向纵深应用的农业，是信息网络与传统农业生产融合的结果。互联网农业利用强大的网络功能，可以跨越时间和地域的障碍，使农产品供需双方及时沟通，使农业生产者能够及时了解市场信息，并根据市场需求、情况，合理组织生产、降低农业生产风险。同时，互联网农业还提供了一种新的农产品销售渠道和方式，让供求双方最大可能地直接进行交易，可减少交易环节，降低交易成本。

互联网电子商务，即"互联网+商业"，指借助互联网等信息通信技术，实现整个商务过程的电子化、数字化和网络化。互联网电子商务的三个重要环节是信息流、资金流和物流。由于互联网电子商务具有开放、分享、全球化、责任四种特性，使它具有惊人的影响力、创造力，对传统商业具有颠覆性影响。互联网电子商务不仅为大企业，也为中小企业、微企业甚至为个人创业者提供了一个广阔舞台，提供了连通世界的大市场。阿里巴巴集团就是专注于互联网电子商务而取得成功的典范。

互联网金融是具备互联网精神的金融业态，它是传统金融行业与互联网结合的新兴领域，互联网金融有三种方式：一是互联网公司做金融，二是金融企业的互联网化，三是互联网公司和金融企业合作。从中国互联网金融发展情况来看，自 2013 年以在线理财、支付、电商小贷、P2P、众筹等为代表的细分互联网嫁接金融的模式进入大众视野以来，互联网金融已然成为一个"新金融"行业，并为普通大众提供了更多元化的投资理财选择。

"互联网 + 交通"是互联网和传统的交通出行相融合的结果，是物联网、云计算、"大数据"、移动互联等技术在交通领域应用和发展的产物，并已出现了多种多样的互联网交通模式，极大地方便了人们的交通出行，推动了互联网共享经济的发展，提高了效率，减少了排放，对环境保护也作出了贡献，在一定程度上缓解了城市的"堵车""堵城"现象，并为加快城镇化发展和建设智慧城市产生的积极影响。

能源互联网是一种构建在可再生能源发电和分布式储能装置基础上的新型电网结构，每一个企业、每一栋建筑、每一个家庭都能参与可再生能源生产。能源互联网的出现和推广应用使得传统的能源利用模式发生了革命性变化，也是智能电网的发展方向，可以达成我国电网的可靠、安全、经济、高效、环境友好和使用安全的目标。

互联网教育是将互联网与教学相结合，可以充分利用多媒体手段，把教学内容通过多媒体来表达，一切教与学活动都围绕互联网进行。老师在互联网上教，学生在互联网上学，信息在互联网上流动，知识在互联网上成型。虽然，互联网教育不会取代传统教育，但可以让教育焕发出新的活力，对学校教学产生一定变革。

互联网医疗就是互联网与医疗融合的结果，它的服务模式有：医药电商服务，通过网售处方药，可以降低药品价格；开设网络医院，患者通过网络跟专家沟通，确认病情，再通过网络医院分诊，直接找到对应的医院和医生；

通过建立病人信息管理系统，实现医院信息化管理，医保费用管控。互联网医疗的出现和推广有望从根本上解决看病难、看病贵等问题。

微博士

"互联网+"

"互联网+"代表一种新的经济形态，即充分发挥互联网在生产要素配置中的优化和集成作用，将互联网的创新成果深度融合于经济社会的各领域之中，提升实体经济的创新力和生产力，形成更广泛的以互联网为基础设施和实现工具的经济发展新形态。

2015年3月5日的十二届全国人大三次会议上，政府工作报告中首次提出"互联网+"行动计划，重点促进以云计算、物联网、"大数据"为代表的新一代信息技术与现代制造业、生产性服务业等的融合创新，发展壮大新兴业态，打造新的产业增长点，为大众创业、万众创新提供环境，为产业智能化提供支撑，增强新的经济发展动力，促进国民经济提质增效升级。

3. 大众创业、万众创新的驱动器

互联网是大众创业、万众创新的新工具，而大众创业、万众创新正是中国经济提质增效升级的"新引擎"，可见互联网的重要作用。

"互联网+"中非常重要的一点就是催生新的经济形态，并为大众创业、万众创新提供环境。"互联网+"更是驱动器，它驱动当今社会变革靠的不仅仅是无处不在的网络，还有无处不在的计算、无处不在的数据、无处不在的知识。"互联网+"加入了无处不在的计算、数据、知识，可应用于许多传统行业，造就了无处不在的创新，推动了知识社会进行用户创新、开放创新、大众创新、协同创新，改变了人们的生产、工作、生活方式，也引领了创新驱动发展的新常态。

由政府提出和主导的"互联网+"行动计划在实施过程中，促进了产业升级。首先，直接创造出新兴产业，促进实体经济持续发展。"互联网+"行业催生出无数的新兴行业。比如，"互联网+金融"激活并提升了传统金融，创造出包括移动支付、第三方支付、"众筹"、P2P网贷等模式的互联网金融，

使用户可以在足不出户的情况下满足金融需求。其次，"互联网＋"行动计划在实施过程中促进了传统产业变革，它使现代制造业管理更加柔性化，更加精益制造，更能满足市场需求。再次，"互联网＋"行动计划将帮助传统产业提升，将互联网与商务相结合，利用互联网平台的长尾效应，在满足个性化需求的同时创造出了规模经济效益。

"互联网＋"行动计划促进以云计算、物联网、"大数据"为代表的新一代信息技术与现代制造业、生产性服务业等的融合创新，发展壮大新兴业态，打造新的产业增长点，为大众创业、万众创新提供合适环境，为产业智能化提供支撑，增强新的经济发展动力，促进国民经济提质增效升级。

应该说，中国"互联网＋"尚处于初级阶段，各领域对"互联网＋"还在论证与探索，特别是那些非常传统的行业，他们正努力借助互联网平台增加自身利益。传统行业开始尝试营销的互联网化，借助电商平台来实现网络营销渠道的扩建，增强线上推广与宣传力度，逐步尝试网络营销带来的便利与实惠。

在大众创业的常态下，企业与互联网相结合的项目越来越多，它们诞生之初便具有"互联网＋"的形态，因此它们不需要再像传统企业一样进行转型与升级。"互联网＋"正是要促进更多互联网创业项目的诞生，从而无须再耗费人力、物力及财力去研究与实施行业转型。

中国"互联网＋"的发展趋势就是大量"互联网＋"模式的爆发以及传统企业的"破与立"。"互联网＋"作为大众创业、万众创新的驱动器在中国社会经济发展中的作用和影响会越来越大。我们在检视"互联网＋"行动计划取得阶段性成果的同时，祝愿它如期完成，成为中国经济腾飞的强劲引擎。

正是由于中国方方面面重视"互联网＋"发展。近年来，"互联网＋"已经改造及影响了多个行业。当前大众耳熟能详的电子商务、互联网金融、在线旅游、在线影视、在线房产等行业都是"互联网＋"的杰出产业代表，对中国经济的发展都起到过巨大的促进作用。

八、互联网电子商务

在零售、电子商务等领域，过去这几年都可以看到和互联网的结合，它不是颠覆传统行业，而是对传统行业的升级换代。其中，又可以看到移动互联网对传统行业起到很大的升级换代的作用。

互联网新业态发展得最迅速、最有成效的无疑是互联网电子商务，即在互联网开放的网络环境下，买卖双方在任何可连接网络的地点间进行各种商务活动，实现两个或多个交易者间的生产资料交换及所衍生出来的交易过程、金融活动和相关的综合服务活动的一种商业运营模式。

一切东西都要有其价值所在，才可能得到发展。商业和互联网的结合，使得传统商业升级换代，不是颠覆掉传统商业，而是互联网对原有的传统商业起到了升级换代的作用。互联网电子商务是利用计算机技术、网络技术和远程通信技术，实现整个商务过程中的电子化、数字化和网络化。它通过互联网、通过网上琳琅满目的商品信息、完善的物流配送系统和方便安全的资金结算系统进行交易。

互联网电子商务有三个重要环节：信息流、资金流、物流。信息流是指信息交流，采用各种现代化的传递媒介，包括信息的收集、传递、处理、储存、检索、分析等渠道和过程；资金流指的是在供应链成员间随着业务活动而发生的资金往来；物流是指为了满足客户的需求，以最低的成本，通过运输、保管、配送等方式实现原材料、半成品、成品或相关信息进行由商品产地到商品消费地的计划、实施和管理的全过程。

互联网电子商务是在互联网时代下，能够更好地满足消费者的需求，带来更舒适的购物体验，使得传统商贸零售企业探索出一条全新的营销模式。自然，要想通过互联网电子商务赚钱并非易事，互联网上赚钱必须满足三个条件：一是找准市场需求，即消费者真实需求；二是技术上通过自己的努力加以实现；三是能持续盈利，要找到适合自己的盈利模式和盈利之道。这三个条件中，最重要的是第三条，它是企业的核心竞争力。无论是大公司还是小企业，只有满足了这三个条件，搞互联网电子商务才能成功，麻雀才能变凤凰！

互联网经济成为中国经济的最大增长点。互联网电子商务具有的开放、分享、全球化、责任的四种精神，使它具有惊人的影响力、创造力，对传统商业具有颠覆性影响。互联网电子商务充满活力，充满商机，它不仅给大企业，也给中小企业、微企业甚至个人创业者提供一个广阔舞台，提供全世界的大市场。

微博士

互联网电子商务

互联网电子商务是利用计算机技术、网络技术和远程通信技术，实现整个商务（买卖）过程中的电子化、数字化和网络化。它是通过互联网把琳琅满目的商品信息、完善的物流配送系统和方便安全的资金结算系统融合在一起，让买卖双方在任何可连接网络的地点间进行各种商务活动，实现两个或多个交易者间的交易。互联网电子商务能以最低的成本满足客户的需求。

1. 全球化的电子商务

阿里巴巴公司目前已在美国、澳大利亚、日本、新加坡、阿联酋、德国等14个国家和地区设立了大量数据中心。此外，马来西亚、印度、印度尼西亚的数据中心也正在筹建或在建。

互联网电子商务具有普通实体商店不具有的优点：开网店方便快捷；网上交易迅速，买卖双方达成意向后可以立刻付款交易，通过物流把货品送到买家的手中；不易压货，打理也方便；网店形式多样，分销渠道也多样。由于互联网电子商务具有上述优点，开设网店不需要店面房租，不需要印制商品宣传册，互联网对资金投入、人员投入的要求也极低。所以，大量的线下企业纷纷开始"触网"，建立网络分销渠道，开始通过网络做生意。

但是，不能忘记，美国是世界最早发展电子商务的国家，同时也是电子商务发展最为成熟的国家，一直引领全球电子商务的发展，是全球电子商务的成熟发达地区。中小企业毕竟不同于大企业，知名的美国品牌在中国很受欢迎，但中小品牌在中国的认知度不高，而且国内的市场可能已经饱和，未必会给美国企业更多空间。所以，这些中小品牌可以通过电子商务网站带来更大的空间。

还不能忘记，互联网电子商务的出现与发展，已经让中国的实体商业处境困难。中国的实体商店正是受到新型互联网公司业务的冲击，而濒临倒闭，进而导致众多员工面临失业。换句话说，庞大的电商帝国在提供大量新的就业的同时，也摧毁了一些传统零售业的布局。

阿里巴巴电子商务网站

阿里巴巴电子商务网站是阿里巴巴集团创建的全球企业间电子商务的著名品牌，是全球国际贸易领域内最大、最活跃的网上交易市场和商人社区。该网站拥有来自200多个国家和地区超过360万名注册用户，阿里巴巴中国站在中国地区则拥有超过2 100万名注册用户。

2. 互联网电子商务向何处去

互联网电子商务给实体商业带来的冲击已经显现，但是，实体商店充满的文化元素是互联网电子商务所没有的。有人说，电子商务只是商务中的快餐，可以满足购物者一时短暂的快感，然而，细细品味各种商品不同的韵味时，还是实体商铺才可以提供心理和物理等方面全方位的高度放松和满足。从这一点出发，实体商店不会被消灭。当然，那些低效的、不能满足市场需求的实体商店，即使规模很大，也会在未来的中国市场上消失。

互联网电子商务在中国起步不算早，称不上领跑者，但发展迅猛。然而，我国电子商务发展中存在不少问题，主要有区域发展不平衡，东南沿海地区发展远优于中西部地区；中小企业电子商务发展仍显滞后；信用体系建设不完善，市场监管有待进一步优化，消费者权益易受损害；物流配套体系亟待完善。

展望未来，随着市场经济体制进一步完善，电子商务的发展环境将不断完善，发展动力持续增强，电子商务应用将达到新的广度和深度。电子商务和实体商务必须共存，共同发展；电子商务与产业发展深度融合并不断加大，加速形成经济竞争新态势。移动电子商务正成为电子商务新的应用领域，电子商务发展将带动电子商务服务业的发展，并逐步成为国民经济新的增长点。

九、人工智能成全了智能手机

自从2001年爱立信推出世界上第一款智能手机R380sc后，诺基亚、摩托罗拉也相继推出了自己的第一款智能手机。不过这个时候智能手机仍然没有流行。直到 2007 年，苹果推出了第一代 iPhone，智能手机才开始真正走向市场。

智能手机发展至今，已历经十余年，智能手机的市场格局也是风云变幻，现在的手机市场竞争越来越激烈，各家手机厂商也纷纷拿出自己的看家本领，进行拼搏。无疑，它们都想竞争智能手机市场销量排行榜的冠军位置。

人工智能技术应用在智能手机上，人工智能芯片出现了，推进了智能手机发展，改变了智能手机未来的格局。

智能手机未来的格局将如何演化？人工智能技术怎样影响智能手机的未来格局？

1. 从"麒麟 970"说起

智能手机最为重要的是它的"芯"，也就是 CPU。各家手机厂商都重视处理器的研发。作为智能手机生产厂商的华为公司自然重视它的处理器研发。

这些年来，华为公司研发了"麒麟 910""麒麟 920""麒麟 930""麒麟 950""麒麟 960"。

2017 年 9 月 2 日，华为在德国柏林消费电子展发布了"麒麟 970"处理器，即 970 芯片。该 CPU 由 8 个核心组成，分别是 4 核 ARM Cortex-A73 和 4 核 ARM Cortex-A53。它搭载了嵌入式神经网络处理器（NPU），也就是说，它是一个人工智能芯片，采用"数据驱动并行计算"的架构，特别擅长处理视频、图像类的海量多媒体数据。这样，"麒麟 970"芯片被誉为全球首款智能手机人工智能芯片。

"麒麟 970"芯片已被华为公司用于 2017 年的 Mate 10 手机和 2018 年的华为 P20 系列手机上。应该说，装有"麒麟 970"芯片的华为手机是一部性能卓越的智能手机。这是人工智能技术在助推智能手机。有专家认为，"麒麟 970"芯片在性能方面已经超越美国高通的"骁龙 835"，直追苹果的"A11"。这是华为的骄傲，也是国产智能手机的骄傲。

美国发动贸易战，禁止美国公司向其销售零部件、商品、软件和技术，包括芯片。中国手机在国际市场上占有一席之地，但高性能芯片依赖进口。由此，激励了华为公司研发自己的"芯"的决心并加快发展速度。2018 年 8

月31日，华为举行IFA电子展活动，发布下一代芯片"麒麟980"处理器。10月16日，搭载"麒麟980"芯片的华为Mate 20系列手机在英国伦敦发布。

既然，"麒麟970""麒麟980"等新一代麒麟芯片的性能优越，为什么不在其他国产智能手机中推广和采用呢？

原来，华为虽然设计出了麒麟芯片，但在大规模生产方面华为目前还没有这个实力，所以只能交给其他企业做。由于苹果和高通在需求量方面比较大，所以生产企业把产能都留给了高通和苹果，顾不上生产麒麟芯片。同时，由于"麒麟970"芯片不能实现量产，所以在售价方面还是比较贵的。再说，"麒麟970"芯片是2017年才研制出来的，具体效果还有待市场检验，所以大规模应用还不是时候。

美国发动贸易战，对中国企业的技术封锁倒逼了中国高科技企业研发自己的高性能芯片，客观上推进了中国"芯"的发展。

微博士

手机芯片

手机芯片，是一种硅板上集合多种电子元器件实现某种特定功能的电路模块，通常是指应用于手机通信功能的芯片，包括基带、处理器、协处理器、触摸屏控制器芯片、无线IC和电源管理IC等，它是手机中最重要的部分，承担着运算和存储的功能。

2. 智能手机人工智能的到来

当然，不只是华为想到让人工智能助推智能手机的发展。在2011年，苹果公司当时推出的新款手机上就搭载了可以与之进行语音交互的Siri语音助手，从某种意义上来说，这已经是人工智能走向智能手机的前奏。只是没能给智能手机打上人工智能的标签。

一直到2017年9月2日，华为公司的"麒麟970"芯片研发成功并搭载于智能手机中，当智能手机第一次以芯片的方式在硬件层面与人工智能握手，整个行业才幕然认识到，原来人工智能已经真正来到智能手机上。

可严格意义上来说，给"麒麟970"芯片戴上全球首款智能手机人工智能芯片的帽子，是华为博取眼球的说法。因为其亮点只在于处理特定任务时比CPU等模块出色，如在图片识别任务方面。

但从搭载"麒麟970"的华为Mate 10的具体表现来看，除了在拍照上的场景识别和成像增强，人工智能芯片并没有给华为Mate 10带来什么具体的实用功能。其系统流畅度的改善也是隐性的，难以感知的。而且，"麒麟970"的NPU模块并非独立研发，它终究是一款"拿来主义"的产品。

在2017年9月中旬的苹果发布会上，发布了新一代iPhone，其所内置的A11 Bionic是苹果自主研发的双核架构神经网络处理引擎，它每秒处理相应神经网络计算需求的次数可达6 000亿次。苹果的强大之处在于，它不仅仅自主研发出了一颗强大的人工智能芯片，还在芯片的基础上开发出一系列实用的功能。

除了华为、苹果，谷歌也在2017发布了Google Pixel 2/XL，其中内置了一个独立的人工智能协处理器，其核心部分是谷歌自主设计的图像处理单元，它的特点在于充分可编程性和领域特定性，可以实现每秒高于30亿次的运算，将运行速度提升5倍，而功耗则明显降低。

从目前情况来看，苹果、谷歌和华为三家似乎都已经通过不同的方式给旗下的智能手机打上了人工智能的标签。然而，苹果绝尘而去，华为偏重于整合开发，谷歌更偏重于操作系统层面。进入2018年后，智能手机市场也迎来了一些新的改变，其中比较关键的两个因素分别是全面屏和人工智能。就全面屏而言，它已经进入到快速普及阶段并开始进入中低端市场；但是对于科技含金量更高的人工智能来说，若想真正地在智能手机行业广泛发挥自己的力量，还需要整条产业链上下游整合更多的时间和努力。

不过，就目前的行业现状而言，智能手机行业已经初步形成了一股全面拥抱人工智能的趋势，而真正全面推动这一趋势发展的，正是处于产业链最上游的高通。2017年12月，在夏威夷举办的高通骁龙技术峰会上，高通推出了"骁龙845"处理器，它的一个重点正是人工智能。

不过与苹果、华为的做法不同，高通利用已经存在的硬件基础，构建了一个"异构"的人工智能运算方式，从而释放了人工智能运算的能力。

对于智能手机生产商来说，如何将人工智能最后 1 公里递到消费者手里，是整体行业都要思考的问题。让人工智能智能手机真正为广大用户所应用。

微博士

高通"骁龙 845"

高通"骁龙 845"处理器是美国高通公司在 2017 年发布的新一代处理器。它是基于 10 纳米工艺，架构上，将继续沿用自主的八核心设计。

高通"骁龙 845"处理器

第五章　第四次浪潮：人工智能融合浪潮

中国科学院院士褚君浩在"东方讲坛"系列讲座中说，整个"地球村"的伟大历史转折正在发生。按照他和周戟合写的《迎接智能时代：智慧融物大浪潮》（2017 年上海交通大学出版社出版）中的说法，人类社会正在经历智慧融物大浪潮，开始向智能化时代飞跃。所谓智慧融物大浪潮，是指智慧融入物理世界。

其实，"智慧融物"自古就有，在人类社会中，智慧曾经融入各种行业，曾经创造了许多奇迹。各种新科技、新发明的诞生就是"智慧融物"的结果。今日，推进人类社会向智能化时代飞跃的乃是人工智能融合浪潮。人工智能实际上是机器智能，是人类创造的机器智能。人工智能融合到各个领域、融合到各行各业，所催生的新浪潮就是人工智能融合浪潮，它推动人类社会开始向智能时代飞跃。

按照未来学家阿尔文·托夫勒的观点，人类社会共经历了三次浪潮。那么发生在第三次浪潮之后，有别于第三次浪潮的新浪潮被称为第四次浪潮是顺理成章的事。

一、人类社会的三次浪潮

美国未来学家阿尔文·托夫勒认为，人类文明共经历了三次浪潮：第一次浪潮出现在农业文明时代，第二次浪潮出现在即将进入工业文明时代时，第三次浪潮出现在工业文明时代之后。每出现一次重大变化的浪潮，就会对人类社会产生很大的冲击，每次都抹杀了一部分早期文化和文明，让以前人们无法想象的文化和生活方式取而代之。

为了更好地理解第四次浪潮——人工智能融合浪潮及由它催生的人工智能时代，了解人类社会曾经发生的三次浪潮是必要的，看看它们是怎样发生、发展的，看看它们给人类文明社会发展带来什么变化。

1. 漫长的第一次浪潮

人类社会每次"浪潮"的发生源于材料、能源和生产工具的突破和创新，使得生产力得到发展，从而引发了革命性变革，推动了时代的层次态发展。

在第一次浪潮出现之前，大多数人生活在经常迁徙的小团体中，他们以游牧、渔猎为生。大约在一万年前的某一时刻，农业革命开始了，第一次浪潮就是农业革命浪潮，它缓慢地蔓延至整个世界，形成了村庄、部落、耕地以及新的生活方式。农业革命的浪潮推动人类进入农业时代。西亚、东亚和中南美洲等地区，是农业革命最早发生的中心地区。之后，农业时代一直主宰着世界，经历了几千年漫长的历史。

生产力的发展离不开材料、能源和生产工具的进步。原始社会，人们用石器、木制工具和人力生产，劳动生产力极为低下，相应的社会形态是奴隶制社会。

铁器的发明和应用，无疑是农业的革命性成果，用铁制造出铁犁等各种农具。人们开始用铁制农具生产，出现了"铁犁牛耕"的生产方式。畜力逐渐取代了部分人力。

社会生产力的提高，使相应的社会形态发生了变化，人类社会由奴隶社会进入了封建社会，农耕文明就这样出现了。农耕文明就是第一次浪潮——农业革命浪潮的结果。

在农业时代，除了用牛耕地、用马拉车、用风帆驶船等用自然能源作为动力来源，其他的生产活动仍都要靠人力。

由于在农业时代，社会生产力低下，社会物质产品主要是农产品，还有一些手工业产品，故社会劳动力的大多数都从事着简单的体力劳动，这就是农业时代的农民阶级。

直到1650—1750年间，从这时开始，坚持了几千年的第一次浪潮失势了，第一次浪潮引发的农耕文明时代结束了。结束第一次浪潮的动因是第一次工业革命的发生。

如今只有少数地区的原始民族仍然保持着农业时代的生活方式。第一次浪潮的力量已多数耗尽了，农业社会已经远去。

微博士

农耕文明

农耕文明是人类历史上的第一种文明形态，是由农民在长期农业生产中形成的一种适应农业生产、生活需要的国家制度、礼俗制度、文化教育等的文化集合，也是世界上存在最为广泛的文化集成。农耕文明的特点是自给自足的小农经济，生产规模小，分工简单，很少用于商品交换。中国、古印度、古巴比伦、古埃及都是农耕文明的典型代表。

2. 工业革命引发的第二次浪潮

第一次工业革命发生于18世纪，第一次工业革命的标志是瓦特改良蒸汽机。当时的工业化以机械化为特征，英国是最早开始第一次工业革命的国家。一系列技术革命引发了从手工劳动向动力机器生产转变，生产力得到了重大飞跃，工业社会出现了。人类社会由此进入"蒸汽时代"，即工业时代，出现了工厂、工人阶级和资产阶级，相应的社会形态是工业社会。

蒸汽机和以蒸汽机为动力的各种工作机械的发明和应用，推动了钢铁产业、化石能源产业和机械制造产业的大发展。钢铁、能源、机械三者的组合，创造出许多工业生产的新领域，造就了千姿百态的工业时代，构建了以机械为基础的"工业大厦"。

在工业时代，人们在使用煤炭能源的基础上，增加了石油等其他化石能源的应用。这些化石能源代替了人力和畜力，进一步解放了劳动力，奠定了工业时代的社会生产力基础。工厂出现了，工厂越造越多、越造越大。但是，各种机械还是需要有人来操作，这些人就是工业时代的工人阶级。工人们操控着各种机器，但他们的劳动仍然是体力劳动，与农业劳动相比更复杂些。

其后，电力设备、内燃机的发明和应用，引发了人类历史上的第二次工业革命。第二次工业革命发生于19世纪中期，那时，西欧国家和美国、日本已经完成了资产阶级革命或改革，促进了国家经济的发展。19世纪60年代后期，先发国家开始了第二次工业革命，第二次工业革命以电气化为特征。从发现电磁感应规律，到电动机、发电机的发明和应用，动力工业被彻底改革。通信方式也因无线电的发明而得到改进。

第二次工业革命源于科技进步。19世纪70年代，英国科学家法拉第发现电磁感应现象，科学家开始对电进行深入研究，完善电学理论。同时，科学家们开始研制发电机。1866年，德国科学家西门子制成一部发电机。其后，实际可用的发电机问世了。接着，电动机也被发明出来，这样，电能和机械能的互相转换实现了。

第二次工业革命促成了电力工业和电器制造业的迅速发展，使得电力成为补充和取代蒸汽动力的新能源。随后，电灯、电车、电钻、电焊机等产品如雨后春笋般涌现出来。第二次工业革命极大地推动了社会生产力的发展，对人类社会的经济、政治、文化、军事、科技等产生了深远的影响，使得资本主义各国在经济、文化、政治、军事等各个方面得到发展，但是区域发展的不平衡，使帝国主义争夺世界市场和世界霸权的斗争更加激烈。第二次工业革命使得资本主义世界体系最终确立，世界逐渐成为一个整体。

工业革命就这样引发了人类社会的第二次浪潮，它持续了三百多年。人类社会跨入电气时代后，第二次浪潮在短短几个世纪里改造了欧洲、北美洲和世界其他地区的生活，而且继续蔓延至更多后发国家。许多至今仍以农业为基础的发展中国家，还在努力兴建钢铁厂、汽车厂、纺织工厂、铁路和食品加工厂，竭尽全力以实现工业化。在这些国家和地区仍然可以见证第二次浪潮的冲击力，第二次浪潮的力量还没完全耗竭。

微博士

工业革命

工业革命开始于18世纪60年代，由机器的发明及运用，引发了资本主义工业化的早期历程，即完成了从工场手工业向机器大工业过渡的阶段。工业革命是以机器取代人力，以大规模工厂化生产取代个体工场手工生产的一场生产与科技革命。工业革命是实现人类社会从传统农业社会转向现代工业社会的重要变革，使机器代替了手工劳动、工厂代替了手工工场，生产力的迅猛提升使社会面貌发生了翻天覆地的变化，使资本主义最终战胜了封建主义。

3. 横扫全球的第三次浪潮

第三次工业革命发生于 20 世纪后半期，是人类文明史上继蒸汽革命和电力革命之后科技领域的又一次重大飞跃。它以原子能、电子计算机和空间技术的广泛应用为主要标志，涉及信息技术、新能源技术、新材料技术、生物技术、空间技术和海洋技术等诸多领域的一场信息控制技术革命。

与第一次工业革命和第二次工业革命不同，第三次工业革命更多是在科技信息领域方面的创新，所以，又称第三次工业科技革命。第三次科技革命影响着人类生产活动的方方面面，应用于多个技术领域。同时，第三次工业革命建立在科学实验的基础上，实现日常应用。随着理论知识的突破，技术实现就有了可能。最后，第三次工业革命是多方面、多专业的协同促进创新。空间技术的进步促进了信息处理技术的提升，而计算机信息技术的飞跃，又反馈促进了空间技术的突破。

第三次工业革命的各个科技领域之间相互渗透、相互合作，共同促进科学技术朝着综合性方向发展，对人类社会的影响也是方方面面的，不仅仅只是提高劳动生产力，还影响到了人类社会的吃穿住行和生活体验等诸多方面。

第三次工业革命之所以率先在美国兴起，是由多方面原因引起的：一是第二次世界大战后，美国拥有雄厚的物质基础、众多优秀的科技人才、优越的地理环境和巨大的市场容量等方面的优势，为第三次工业革命在美国兴起创造了前提条件；二是第二次世界大战后，美国政府高度重视科技研发，积极采取措施推动科技事业的发展。

第三次工业革命具有前两次工业革命不具备的特点，这就是技术群体化、产业化、智能化、高技术化和发展进程高速化。所以，第三次工业革命是迄今为止人类历史上规模最大、影响最为深远的一次科技革命，是人类文明史上不容忽视的重大事件。它引发了人类社会的第三次浪潮，不仅极大地推动了人类社会经济、政治、文化领域的变革，也影响了人类的生活方式和思维方式，使人类社会生活和人的现代化向更高境界发展。

第三次浪潮的冲击改变了人类社会的生产方式，新生产方式淘汰了大多数工厂的装配线；多样化、可再生能源得到大量普及和应用，使得人类社会从能源危机的阴影中走了出来。非核心家庭和新的生活方式出现了，第三次浪潮产生的文明随之出现。生产者和消费者之间长久存在的裂痕被弥补，促成了明日"产消合一"经济的诞生。

计算机的发明和应用造就了信息时代的到来，信息时代是第三次工业革命的产物。由于计算机与机械相结合，才有了自动机和机器人。自动机和机器人在工业生产中的应用，把不少工人从体力劳动中解放出来。以计算机和通信网络为基础，构成的互联网使全球的信息都能联网，把地球连成了"地球村"。

互联网的出现，为人们共享知识产品创造了条件、打下了基础。计算机的发明，还促进了第三产业的大发展。信息产业、互联网、第三产业等新产业造就了一大批人们称之为"白领"的职员，他们是较高教育背景的人群，不须从事体力劳动，有稳定收入。随着产业结构的转型升级，社会劳动力必然也会相应地转型升级。

第三次浪潮造就了人类历史上第一个具有真正人性的文明出现，并使得人类社会的政治制度、经济结构，家庭、个人以及每个人的价值观都受到了深刻的影响。第三次浪潮力量远未耗竭，它至今还在横扫全球，在世界各地显示着它的力量。

二、第四次浪潮的兴起

人类社会经过第一次浪潮、第二次浪潮、第三次浪潮的冲击，已经发生了翻天覆地的变化。特别是第三次浪潮冲击下，形成了当代文明。瞬息万变的多样化社会已经出现在人类社会中，"产消合一"的生产制度和生活形态已经出现。

在托夫勒的著作《第三次浪潮》中，多次提到了"未来的浪潮"。今日兴起的人工智能融合浪潮就是托夫勒预言的"未来的浪潮"，这个新浪潮已经来临，正在拍击着今日的人类文明。延续托夫勒的思维，把它称为"第四次浪潮"是合适的，也是非常确切的。

第四次浪潮是怎样兴起的？又是什么科学进步再一次在人类社会"兴风作浪"？

1. 人工智能融合是怎样发生的

要知道第四次浪潮是怎样兴起的，就得知道人工智能融合是怎样发生的。

第三次工业革命是以原子能、电子计算机和空间技术的广泛应用为主要标志，涉及信息技术、新能源技术、新材料技术、生物技术、空间技术和海洋技术等诸多领域的一场信息控制技术革命。

在这些新技术中，计算机技术的发展至关重要。第一台计算机问世于1946年2月14日，是由美国制成的第一台电子管计算机，名为"埃尼阿克"（ENIAC），它是以电子管为主要电路元件的电子计算机。1946—1957年生产的电子计算机都属于第一代电子计算机。

自第一代计算机诞生，计算机技术和信息技术一直处于高速发展的阶段。计算机科学已成为一门发展快、渗透性强、影响深远的学科，计算机产业已在世界范围内发展成为具有战略意义的产业。计算机科学和计算机产业的发达程度已成为衡量一个国家的综合国力强弱的重要指标。

计算机的发明意义非凡，这标志着人类已攻克了信息的数字化、输入、储存、运算和输出等技术难题，这是信息技术的重大突破。这一划时代的发明标志着人们已初步掌握了对信息的运算和操控。计算机和计算机网络的出现使得到信息具有良好的传播性，通过计算机网络实现信息在空间上的传递，还可以通过计算机和信息存储媒体实现信息的实时传递。任何一个地方产生的重要信息通过计算机网络可以立刻传遍世界，让全世界知道。

其后，随着通信技术的发展，光纤通信逐渐兴起并得到广泛应用，光经过调制后便能携带信息，将需要传送的信息在发送端输入到发送机中，将信息叠加或调制到作为信息信号载体的载波上，然后将已调制的载波通过传输媒介传送到远处的接收端。接收端的接收机解调出原来的信息，使信息迅速传送到远处，传送到世界各地。

光纤通信具有传输容量大、保密性好等优点，使得信息沟通越来越方便和快捷。

通信技术的发展，使得把全球所有计算机都连接起来的设想变成现实，这就是最早被称作"因特网""信息高速公路"的互联网出现了。通过互联网将计算机网络互相连接在一起，即可实现"网络互联"，它是一个巨大的国际网络，覆盖全世界。通过互联网可以实现通信、社交及网上贸易。互联网的出现使得信息融合成为可能。

半个多世纪以来，计算机在不断进步，它向着"大""小"两个方向发展。由于半导体材料的发明，计算机中用上了晶体管和集成电路，并制成了芯片。芯片越做越小，从小型化到微型化，现在正向着微纳化发展。

微小的芯片可以植入任何物体中，这就是信息与实体物质相融合的媒介和关键。芯片是信息的载体，是机器智能的物质基础。

微博士

第一台计算机

世界上第一台计算机埃尼阿克是由美国人莫克利和艾克特发明的，问世于 1946 年 2 月 14 日。它是以电子管为主要电路元件的电子计算机，是个庞然大物，重 27 吨，占地 150 平方米，肚子里装有 18 800 只电子管，耗电功率约 150 千瓦，每秒钟可进行 5 000 次运算。由于它以电子管作为元器件，所以又被称为电子管计算机。电子管计算机由于使用的电子管体积很大，耗电量大，易发热，因而工作时间较短。

第一台电子管计算机

2. 芯片！芯片！

芯片能输入、储存、运算、输出信息，使机器拥有智能。机器智能就这样出现了。微小的芯片可以植入计算机，也可以植入任何其他电器。现在，把芯片植入实体物质的技术已经问世，并已开始应用。智能机器、智能设备，如智能眼镜、智能手表等，都是由于植入了芯片，才使它们产生"智能"。要是制造出大量各种芯片，植入所有需要使之智能化的物体中，它们就具有了"智能"。所以，芯片是机器智能的物质基础，也是兴起人工智能融合浪潮的物质基础。

芯片实际上是制造在半导体芯片表面的集成电路。集成电路采用半导体制作工艺，在一块较小的单晶硅片上制作许多晶体管及电阻器、电容器等元器件，并按照多层布线或隧道布线的方法将元器件组合成完整的电子电路。20世纪中后期，由于半导体制造技术的进步，使得集成电路成为可能。集成电路可以把很大数量的微晶体管集成到一个小芯片上，是了不起的巨大进步。

由于芯片把所有的组件通过照相平版技术作为一个单位印刷，而不是在一段时间内只制作一个晶体管，这样生产成本更低。又由于芯片组件很小，且彼此靠近，可快速开关，能量消耗低，而性能高。芯片可以小型化，芯片面积从几平方毫米到350平方毫米，每平方毫米可以达到一百万个晶体管。

根据一个芯片上集成的微电子器件的数量，集成电路可以分为小规模集成电路、中规模集成电路、大规模集成电路、超大规模集成电路、甚大规模集成电路等几类。近几年来，集成电路持续向更小的尺寸发展，使得每个芯片可以封装更多的电路。这样增加了单位面积的容量，可以降低成本并增加功能。

如果把计算机的中央处理器比作心脏，那么装着芯片组的主板就是计算机的躯干。对于主板而言，芯片组几乎决定了这块主板的功能，进而影响到整个计算机系统性能的发挥。

芯片就这样起到了主板灵魂的作用。

当然，简单地把芯片植入机器、设备，并不能使它们产生智能，还需要激活芯片，也就是说，要使每片芯片都能输入、储存、运算、输出信息。这样，每片芯片都会有大量的信息需要输入和输出。当全球的机器、设备装上亿万片芯片时，其所产生的信息量就是个天文数字了。

人工智能融合就这样发生了，要使人工智能融合速度得到加速，就能实现信息世界与实体世界的大融合，人工智能融合浪潮，即"第四次浪潮"，就这样发生了。

微博士

芯　片

芯片，又称微电路、微芯片，是指内含集成电路的硅片，体积很小，常常是计算机或其他电子设备的一部分。它通常是一种把小型化的电路制造在半导体晶圆表面上。这种半导体芯片表面上的集成电路又称薄膜集成电路。

3. 奋起直追的中国芯片

中国芯片业和发达国家的芯片产业仍有差距。中国使用的芯片中有近90%是通过进口或是在华外企生产的，中国芯片严重依赖进口，尤其是从美国进口。很多芯片进口后，在中国工厂里组装进手机和电脑，然后再出口。中国芯片的命脉并不完全掌握在自己手上。

芯片是科技进步的象征，也是推进科技创新不断提升和发展的标志。芯片的创造、制造，都代表了一个国家的创新能力和发展后劲的前景和速度，是国家综合国力提升的一个重要的组成部分。我国早已启动了"中国芯"研制。

"中国芯"是指由中国自主研发并生产制造的计算机处理芯片。工信部作为我国集成电路产业的主管部门，一直高度重视集成电路产业的发展，在电子发展基金中实施了"中国芯"专项工程，2006年又和其他部委一起启动了集成电路研究与开发专项资金，加大对集成电路产业的支持力度。

在实施"中国芯"工程后，研发生产了一系列"中国芯"。通用芯片有龙芯系列、威盛系列、神威系列、飞腾系列、申威系列；嵌入式芯片有星光系列、北大众志系列、湖南中芯系列、万通系列、方舟系列、神州龙芯系列。

今日，中国移动公布的《中国移动终端质量报告》爆出，华为麒麟芯片在芯片评测环节以五项测试中四项第一的成绩夺位高通，未来华为芯片的发展更是不可小觑。华为的麒麟芯片已经成为国产移动信息通信技术ICT的代表作，将成为华为智能手机的核心。华为也多次公开表示，不会将麒麟芯片定位为对外创造收入的业务，而是为了实现华为硬件上的差异化，没有计划将麒麟芯片对外销售。对于华为公司而言，麒麟不是一项业务，而是一种产品或技术，可以作为华为与竞争对手智能手机品牌的竞争优势。

"中国芯"工程正在实施，受到中兴事件的影响，国家发展半导体芯片的决心会更加坚决。在芯片产业的投入将会加大，整个产业将迎来历史性的机遇。

微博士

"中国芯"工程

"中国芯"是指由中国自主研发并生产制造的计算机处理芯片。中国芯工程是指在中国注册的集成电路设计企业所研发的、具有自主知识产权的、占据一定市场份额的集成电路芯片或 IP 核。"中国芯"工程的工作包括两部分内容：一是组织集成电路产业的技术创新和产品创新；二是推进集成电路产业的技术创新、产品创新以及创新产品成果的产业化。

三、第四次浪潮的三个推手

人工智能和人工智能融合浪潮是两回事。芯片植入机器，使机器有了智能，机器智能即人工智能就这样出现了。

第四次浪潮——人工智能融合浪潮的产生是现代科学技术，特别是人工智能技术发展的结果。那么，已经产生的人工智能融合浪潮怎样发展？怎样传播？人工智能融合浪潮是怎样后浪推前浪，滚滚向前的？

人工智能融合浪潮的发展过程中，有三个推手在出力，它们在默默起着作用，推动第四次浪潮滚滚向前。

1. 第一个推手是传感器

让我们看一下使人工智能融合浪潮兴起的巨量信息、资料是从哪里来的？

人们为了从外部世界获取信息，是靠人们自身的感觉器官，即"五官"，靠眼睛、耳朵、鼻子、舌头、皮肤来获取。新技术革命的到来，世界开始进入信息时代。在利用外部世界信息的过程中，首先要解决的就是如何获取准确可靠的信息，研究自然现象、社会现象、生产活动及内在规律，只靠人类"五官"的功能已经远远不够。

为适应这种情况，就需要传感器。因此可以说，传感器是人类五官的延伸，又称之为"电五官"。

传感器是什么？

传感器就是一个能够传递信息的器件，它能替代人的眼睛、耳朵、鼻子、舌头、皮肤，是人体五官的延伸和功能拓展。传感器具有微型化、数字化、智能化、多功能化、系统化、网络化等特点，它是实现自动检测和自动控制的首要环节。传感器的存在和发展，让物体有了触觉、味觉和嗅觉等感官，让物体慢慢变得活了起来。

传感器种类很多，按照它的功能与人类五大感觉器官相比拟，有以下几类：与触觉相比拟的有压敏、温敏传感器，流体传感器；与嗅觉相比拟的有气敏传感器；与视觉相比拟的有光敏传感器；与听觉相比拟的有声敏传感器；与味觉相比拟的有化学传感器。

传感器通常据其基本感知功能可分为热敏元件、光敏元件、气敏元件、力敏元件、磁敏元件、湿敏元件、声敏元件、放射线敏感元件、色敏元件和味敏元件等十大类。

传感器的出现与发展，对于促进现代科技的发展，有着重大作用。要获取大量人类感官无法直接获取的信息，没有相适应的传感器是不可能的。许多基础科学研究的障碍，就在于研究对象信息的获取存在困难，而一些新机理和高灵敏度的检测传感器的出现，往往会导致该领域内的突破。一些传感器的发展，往往是一些边缘学科开发的先驱。

各种类型的传感器广泛应用于社会发展及人类生活的各个领域。首先，传感器应用于航天技术、军事工程技术、机器人技术、自动化技术等高科技领域，同时，传感器应用于现代工业制造、现代化农业、交通运输业，还广泛应用于资源开发、海洋探测、环境监测、安全保卫、医疗诊断、家用电器等领域。

可以这样说，要是没有传感器技术的出现与发展，人工智能融合浪潮就不会出现。传感器是人工智能融合浪潮传播、发展的一个重要推手。

传感器

传感器是一种能感受到被测量信息的检测装置，并能将感受到的信息，按一定规律转换成为电信号或其他所需形式的信息输出，以满足信息的传输、处理、存储、显示、记录和控制等要求。传感器有光、热、电、磁、压力等多种。其中，光电传感器是物联网的一种重要元器件，就是为了获得目标物的"形象""热像""谱像"，是获取自然和生产领域中信息的主要途径与手段。传感器主要应用在机械设备制造、家用电器、科学仪器仪表、医疗卫生、通信电子以及汽车等领域。

光电传感器类型

2. 第二个推手是物联网

在人工智能融合浪潮传播、发展的过程中，第二个重要推动力来自物联网。

物联网是把所有物品通过信息传感设备与互联网连接起来，然后对物品进行智能化识别和管理，也就是说，把"物"的信息通过传感器接收，形成"物"信息的网络，并与互联网结合。

物联网是怎样构成的？

物联网中有一个以互联网为基础的虚拟大脑，由音频传感器构成虚拟听觉系统，由视频采集器构成虚拟视觉系统，由分子传感器、气体传感器、液体传感器等构成虚拟味觉系统，由空气传感器、水系传感器、土壤传感器等构成虚拟感觉系统，由各种家用设备、办公设备以及生产设备构成虚拟运动系统，等等。这些系统构成了虚拟大脑的神经系统，并形成了物联网信息网络。

无疑，传感器和信息检测技术是物联网的核心技术之一。传感器采集的信息流进入信息处理中心后，利用各类模型，虚拟大脑可以对这些信息进行智能化处理与判断，并把结果融入互联网，最终形成计算机、手机、人以及各类不同规格反应系统乃至海陆空一体化大系统的结合互动。

这样，根据各类社会行为，就形成智慧的交通、智慧的医疗、智慧的物流、智慧的水处理系统、智慧的电网、智慧的能源、智慧的销售、智慧的食品、智慧的金融、智慧的城市……最终形成智慧的地球。

微博士

物联网

物联网通过各种传感技术和传感设备，如传感器、射频识别技术、全球定位系统、摄像机、激光扫描器、红外线感应器、气体感应器等各种装置与技术，采集其声学、光学、热学、电学、力学、化学、生物、位置等各种需要的信息，还利用各种通信手段和通信工具，如有线、无线、长距、短距等，将任何物体与互联网相连接，以实现远程监视、自动报警、控制、诊断和维护，进而实现"管理、控制、运营"一体化的一个巨大网络，以实现物与物、物与人、所有的物品与网络的连接，方便识别、管理和控制的目的。

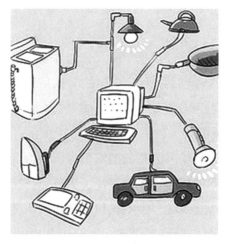

物联网

3. 第三个推手是"大数据"和云计算

在人工智能融合浪潮传播、发展过程中，还有一个重要推动力是人工智能技术的发展，科学家发明了"大数据"和云计算技术。

"大数据"是具有更强的决策力、洞察力和流程优化能力的海量、高增长率和多样化的信息。"大数据"是指以多元形式，从许多来源搜集而来的庞大数据组，它不用随机分析法即抽样调查这样的捷径来处理，而采用所有数据进行分析处理。

计算机向大型方向发展，出现了超大型的计算机和计算机集群，就能对各种芯片集合成的天文数字进行运算和处理，以调控所有植有芯片的物体，这就是云计算。云计算是一种基于互联网的计算方式，通过这种方式，共享的软硬件资源和信息可以按需提供给计算机和其他设备。所以，云计算很快就成了世界各大搜索引擎及浏览器数据收集、处理的核心计算方式，推动着网络数据时代进入更加人性化的历史阶段。

在"大数据"和云计算这两个推手的作用下，人工智能融合浪潮就出现了，轰轰烈烈的"第四次浪潮的华彩乐章"就这样出现在人类社会。

微博士

什么是云计算？

云计算中的"云"是网络、互联网的一种比喻说法。云计算是基于互联网的相关服务的增加、使用和交付模式。这种模式提供可用的、便捷的、按需的网络访问，进入可配置的计算资源共享池，只需投入很少的管理工作，或与服务供应商进行很少的交互，就可以快速提供这些资源，包括网络、服务器、存储、应用软件、服务等。

四、第四次浪潮的特征

第四次浪潮，即人工智能融合浪潮，它是在第三次浪潮以后出现的新浪潮。它就是未来学家托夫勒预测的"未来的浪潮"，这个新浪潮已经来临，同前三次浪潮一样是科技进步的结果，但它不同于出现于人类社会的前三次浪潮。

第四次浪潮是由人工智能技术的出现与发展引发的，是人工智能技术融合到人类社会的各个领域、各个方面而滚滚向前的。

第四次浪潮具有前三次浪潮所不具有的特征：影响范围的全面性、地域范围的广泛性、时间范围的持续性与长期性。

1. 波及各行各业

虽然，人工智能融合浪潮与人工智能是两回事，但它是人工智能技术发展的结果。人工智能融合浪潮的产生是现代科学技术，特别是人工智能技术发展的结果。

人工智能技术可以融合到各个领域，可以融合到实体经济的各行各业，出现了"人工智能＋"，即"人工智能＋"的理念。第四次浪潮的出现与发展，使得人工智能融合的速度得到加速，波及面更广。

人工智能技术首先在科学技术领域融合，即"人工智能＋科学技术"。它在科学技术领域兴起巨浪，现代高科技领域的新成就就这样出现了。

人工智能是计算机学科的一个分支，它与空间技术、能源技术一起被称为世界三大尖端技术，后来又被认为是 21 世纪三大尖端技术（基因工程、纳米科学、人工智能）之一。这是因为近三十年来人工智能获得了迅速的发展，在很多学科领域都获得了广泛应用，并取得了丰硕的成果。

人工智能在空间技术、能源技术、基因工程技术、纳米科学技术等领域得到应用并融合到这些科技领域，出现了"人工智能＋空间技术""人工智能＋能源技术""人工智能＋基因工程技术""人工智能＋纳米科学技术"。人工智能融合到这些科技领域的结果是在这些科技领域产生新成就、新成果。

人工智能在制造业、商业、金融业、医药业、交通业、通信业、娱乐业、教育事业、军事工业等领域得到应用并融合到这些实业，出现了"人工智能＋制造业""人工智能＋商业""人工智能＋金融业""人工智能＋医药业""人工智能＋交通业""人工智能＋通信业""人工智能＋娱乐业""人工智能＋教育事业""人工智能＋军事工业"，人工智能融合到这些实业部门的结果是在这些实业部门产生革命性的变革。这些实业部门的一些行业、工种、岗位得到了迅速的发展壮大；而另一些行业、工种、岗位却极大萎缩，甚至消失了。

第四次浪潮促进了一些行业、工种、岗位的发展，催生了一些新行业、新工种、新岗位，带来了新兴的文明。第四次浪潮文明着手弥补第二次浪潮、第三次浪潮没有解决的生产者和消费者之间长久存在的裂痕，促成了"产消合一"模式和共享经济的产生和发展。第四次浪潮带来了崭新的生活方式，采用多样化、可再生的能源和新的生产方式，淘汰了大多数工厂的装配线。智能制造、智能银行、智能交通、智能建筑、智能手机、智能家电、智慧教育，这些新名词、新概念的出现，实际上是人工智能融合结果，是"人工智能＋"的产物。

第四次浪潮摧毁了一些行业、工种、岗位，拆散了一些工厂、商铺，动摇了一部分的经济，改变了人们的价值观。每一个国家，每一个企业、家庭、个人都会或多或少地受到影响。第四次浪潮带来的新兴文明在很多方面和传统的工业文明相冲突，一些国家、地区之间或企业之间的冲突就是这样发生的。

微博士

"产消合一"模式

"产消合一"模式是未来学家托夫勒在20世纪80年代曾提出的一种经济模式，是指在现实生活中非正式生产部门中存在的生产消费同期的行为，即生产者与消费者结合同一的经济。托夫勒将生产消费同期行为者命名为"产消者"。按托夫勒的说法，"产消者"所创造的经济量至少相当于甚至可能超过非正式生产部门所提供的产值。"产消合一"模式的提出，对正式生产部门提出了挑战，引起了人们对于商业模式的深度思考。

2. 影响了整个世界

人工智能融合浪潮首先在科学技术先进和经济发达的国家和地区出现，但是它迅速地推向世界，波及世界各国和地区，影响了整个世界。这是由于引发人工智能融合浪潮的计算机技术和通信技术等高新技术发展迅速，推进了人工智能融合浪潮的发展。

推进人工智能融合浪潮发展有三个推手，它们是传感器、物联网、"大数据"和云计算。这三个推手的联合作用、共同出力，使得人工智能融合浪潮来势凶猛。

无论自然界中的波浪，还是人类社会的波浪，其形态可以不一样，但运动方式是一样的，它们总是后浪推前浪，滚滚向前。在波浪上升阶段，总是一浪高过一浪。人工智能融合浪潮正在发生，正处于上升阶段，它正从经济发达的欧美国家向其他国家和地区推进。

在一些发展中国家和地区，仍然经历着第三次浪潮的洗礼，正在进行第三次工业革命。有些发展中国家和经济不发达地区的第二次浪潮甚至还没有结束，第四个全球变化的大波浪——人工智能融合浪潮却已迎面扑来。

第四次浪潮不仅仅是第三次革命的延续，而是截然不同的第四次变革的开始。有三个原因使它的冲击力是史无前例的：一是它的速度异常迅猛，第四次工业革命不是以线性速度前进，而是呈几何级增长；二是第四次浪潮冲击着世界各国的海岸，它几乎打破了每个国家、每种行业的发展模式，没有一个国家、一种行业可以例外；三是第四次浪潮引发了一个国家、一种行业的生产、管理、经营、治理整个体系的变革，这些变革的广度和深度是前所未有的。

第四次浪潮引起的社会变革，对人类社会来说带来的是看得见的利益。像前几次浪潮一样，人工智能融合浪潮推进了世界经济的发展，提高了全球收入水平，改善了世界各国人民的生活品质。从中获益最多的是能够接触到数字世界的消费者，技术使得一些新产品和服务成为可能，提高了办事效率和我们个人生活的乐趣。叫出租车、订机票、买东西、付账单、听音乐、看电影、玩游戏，这些事情现在都可以远程操作，在网上完成。

人工智能融合浪潮会创造供给侧的奇迹，带来长期的效率和生产率提高。交通运输和通信成本下降，后勤和全球供应链变得更加高效，贸易成本大大降低，所有这些都将打开新市场，推动经济增长。一个重要趋势就是技术带来的各种平台的发展，它们将把需求和供给结合起来，打破现有的工业结构，这在分享经济或者按需经济中表现得更清楚。随着透明度的提高、消费者的参与以及消费行为新模式的出现，需求侧的重大变革也正扑面而来。

自然，任何事物都有两面性，有利也有弊。第四次浪潮的冲击，可能给世界带来更大的不平等，尤其有可能破坏劳动力市场。自动化在整个经济领域中逐渐替代劳动力，机器取代工人能加大资本收益，但这意味着一部分劳动者失去他们熟悉又热爱的工作，被迫改行，从事他们不熟悉、不想干的工作。同时，这意味着扩大劳资之间收益的差距。当然，机器取代工人也可能带来安全又有价值的就业机会的净增加。我们无法预测哪种情况更可能出现，历史会告诉我们结果，更可能是两者兼而有之。

第四次浪潮的影响广泛，普及至世界更多的地方，影响了整个世界，改变世界的一切。一些国家可能会同时感受到两种甚至三种不同的变化波涛，它们以不同的速度、不同的力度进行。人工智能融合浪潮使世界发生的变化，不亚于一场全球革命、一次历史的量子式跃进。

微博士

供给侧

供给侧，相对于需求侧而言。经济学中的供给是指生产者在某一特定时期内，在每一价格水平上愿意并且能够提供的一定数量的商品或劳务。国民经济的平稳发展取决于经济中需求和供给的相对平衡。供给侧要素包含有劳力、土地、资本和创新。

3. 长期作用于人类社会

按照美国未来学家阿尔文·托夫勒的观点，人类社会经历了三次浪潮，第一次浪潮农业革命，持续了几千年才结束。第二次浪潮工业文明的崛起，只有300年的寿命。第三次浪潮的推进速度更快，很可能会在几十年内结束。

海洋里的波浪有风浪、涌浪、扑岸浪之分，第四次浪潮是人工智能融合浪潮，它刚刚兴起，是风浪还是涌浪不得而知。可以确定的是，它的高潮还没有到来，它会兴起多长时间谁也无法预测，也没有必要预测。现代人们看得到的只有人工智能融合浪潮来势汹涌。

人工智能融合浪潮将长期作用于人类社会，将使人类社会出现一个伟大的历史转折和跃变，会使世界面貌一新，用天翻地覆来形容并不为过。人工智能融合浪潮长期作用于人类社会的结果，是会使人类社会产生有史以来最强烈的社会变革，发生创造性的重组。虽然，人们没有清楚地认识到这一事实，但这是客观存在的，不以人的意志而改变。

许多人相信他们所熟知的世界会永远延续下去，任何事物都不会动摇他们熟悉的经济结构和政治结构，不会改变他们的生活方式。事实上，第四次浪潮长期作用于人类社会，必将影响、改变人类社会的社会制度、经济模式和生活方式。

大自然和人类社会都有其自身的发展规律，任何事物都是发展变化的，都要经历萌芽期、成长期，成熟期结束后，会最终走向消亡，这些规律也都是客观存在的。刚刚形成的人工智能融合浪潮不会因一两件"逆潮流"的事件而改变。

人工智能融合浪潮塑造的一种未来，通过把人放在首位，来为我们所有人服务。目前最悲观、最非人性化的解读是人工智能融合浪潮或许会使人类的"机器化"，剥夺人们的内心和灵魂。但是，人工智能融合作为对人类本性中最美好的部分——创造力、同情心和管理能力——的一种补充、一种延伸，不是削弱，不是破坏。人工智能融合可以基于一种共同的命运感，将人类提升到一种新的集体和道德意识层面，为构建人类命运共同体作贡献。

了解第四次浪潮作用的长期性和持续性，就可以对我们周围发生的事情有个清晰的了解和判断，就不会被困于逆潮流的事件而束手无策。我们可以从许多清晰、具建设性的角度来观察未来，为明天作准备，更重要的是帮助我们改变现状，走出困境。

五、人工智能聚焦的中国制造业

2017年12月的一天，港口城市青岛寒意尽显。一家媒体记者探访位于青岛黄岛区中德工业园海尔集团的一个互联工厂车间。记者惊讶地发现这里不像生产车间，更像一个整洁明亮的办公空间，工人不多见。在柔性生产线上，为数不少的橙黄色机械臂协同运转，井然有序。这个被海尔集团称为"互联工厂"的厂区，其实就是智能工厂，其大型装备的自动化率竟高达70%，甚至更高！

这是人工智能推进"中国制造"的结果。国产航空发动机突破瓶颈，

运 -20、歼 -20 服役，国产大飞机 C919 首飞成功，世界最大水泥运输船圆满交船，全球最大集装箱船在上海开建，第一艘国产航母和新型万吨级驱逐舰相继下水……我国航空工业取得历史性突破。这些"大国重器"和重大科技成果的出现，是中国制造业的骄傲，是科技铸就的辉煌。这些成绩的背后，是党的十八大以来，众多高技术、高附加值、顺应转型升级趋势的新产业努力拼搏的结果。它们已成长为推动我国制造业发展的新引擎，有力拉动着经济增长。

中国制造业转型升级是第四次浪潮推进的结果，中国制造业不能止步，"中国制造"需要向"中国智造"转型，人工智能需要推进中国制造业的发展和转型。

1. 人工智能推进"中国制造"

2015 年 3 月 5 日，政府工作报告首次提出"中国制造 2025"的宏大计划。3 月 25 日，国务院常务会议审议通过了《中国制造 2025》。

用信息化和工业化两化深度融合来引领和带动整个制造业的发展，才能实现"中国制造 2025"目标。为实现这一宏伟目标，"三步走"的战略被提出，大体上每一步用十年左右的时间来实现我国从制造业大国向制造业强国转变的目标。还要实行"五大工程"，其中之一就是智能制造工程。

智能制造工程就是围绕重点制造领域关键环节，开展新一代信息技术与制造装备融合的集成创新和工程应用，开发智能产品和自主可控的智能装置并实现产业化。依托优势企业，紧扣关键工序智能化、关键岗位机器人替代、生产过程智能优化控制、供应链优化，建设重点领域智能工厂、智能车间。

中国实施智能制造工程，实际上就是用人工智能技术推进中国制造业的发展，让"中国制造"转变为"中国智造"。

自《中国制造 2025》发布以来，中国制造业发生了可喜的变化。智能制造发展取得积极进展，初步形成了智能制造推进体系，创新成果层出不穷，一些试点示范项目成效明显。人工智能技术在制造业应用，使得中国制造业中出现了许多新模式、新业态，它们快速成长，推进了中国制造业的发展，出现了"智能

143

制造"。

尽管"中国智造"与国际先进水平相比还有一定差距，核心技术、产业基础、创新体系、产业生态和人才队伍等方面还存在不少问题，但是，中国制造业向着"智能制造"发展的目标是坚定不移的：发展人工智能技术，让人工智能推进"中国制造"，把智能制造作为中国制造转型升级的主攻方向，加快发展智能制造，抢占未来制造业发展制高点。

微 博 士

《中国制造2025》

《中国制造2025》是中国政府提出的实施制造强国战略第一个十年的行动纲领。《中国制造2025》提出，坚持"创新驱动、质量为先、绿色发展、结构优化、人才为本"的基本方针，坚持"市场主导、政府引导，立足当前、着眼长远，整体推进、重点突破，自主发展、开放合作"的基本原则，通过"三步走"实现制造强国的战略目标：第一步，到2025年迈入制造强国行列；第二步，到2035年中国制造业整体达到世界制造强国阵营中等水平；第三步，到新中国成立一百年时，综合实力进入世界制造强国前列。

2. 中国"智能制造"的兴起和发展

中国"智能制造"是在人工智能融合浪潮推进下兴起的，也必将在人工智能融合浪潮推进下发展壮大。

中国"智能制造"在"中国制造2025"计划宏伟目标的鼓舞下，在一些基础条件好、需求迫切的重点地区、行业和企业中，已经开始实施流程制造、离散制造、智能装备和产品、新业态新模式、智能化管理、智能化服务等试点示范及应用推广。

为加快中国"智能制造"发展，我国一些地区的政府部门，采取了切实的完善政策措施，这些政策措施有：

一是深化产学研用协同攻关，加快在数控机床与机器人、增材制造、智能传感与控制、智能检测与装配、智能物流与仓储等五大领域，突破一批关键技术和核心装备。

二是强化产业基础支撑，加快研发核心支撑软件，推进工业互联网建设，健全智能制造标准体系，建立智能制造标准体系和信息安全保障系统。

三是围绕智能化生产、网络化协同、个性化定制、制造型服务四大重点，加快培育智能制造新模式，重塑制造业产业链、供应链和价值链。

四是聚焦重点领域，选择骨干企业，开展关键技术装备和先进制造工艺集成应用。在传统产业和中小企业实施智能化改造，加快培育形成一批高水平系统解决方案供应商。

五是深化改革开放，将技术创新与体制改革更好结合起来，坚持人才为本，完善学科建设，健全培养机制，创新培育模式，加快构建了一支多层次、高素质的智能制造人才队伍。

在这些切实的政策措施激励下，中国"智能制造"的发展，已获得了良好的体制机制和发展环境，它们有力地推进了中国"智能制造"的发展。

在中国制造业发达的城市和地区，一些工业制造企业率先建立智能制造标准体系和信息安全保障系统，搭建智能制造网络系统平台，实施试点示范项目，并且取得可喜成绩。在一些制造企业在人工智能技术的推进下，试点示范项目运营成本降低了，产品生产周期缩短了，不良品率有了明显降低。

我们有理由相信，在我国政府支持下，借助人工智能融合浪潮的推力，中国"智能制造"将会蓬勃发展，"中国制造2025"计划设定的宏伟目标一定会实现。

微博士

智能制造

智能制造源于人工智能的研究，包含智能制造技术和智能制造系统。智能制造系统具有自学习功能，有搜集与理解环境信息和自身的信息并进行分析判断和规划自身行为的能力。智能制造系统在制造过程中能进行智能活动，诸如分析、推理、判断、构思和决策等。智能制造把制造自动化的概念更新，扩展到柔性化、智能化和高度集成化。在智能制造过程的各个环节广泛应用人工智能技术，所以，智能制造是人工智能技术推进的结果。

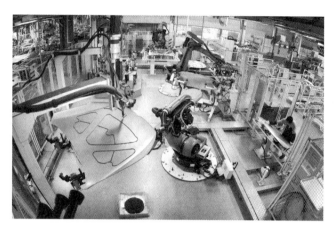

智能制造生产现场

3. 海尔集团的"智造"

在全球迈向数字经济时代的今天，制造业转型升级势在必行。海尔集团顺应这种发展趋势，创办了工业互联网平台和被海尔员工称为"互联工厂"的智能工厂。

中国需要有适合自己的工业互联网平台，构建起自己的工业生态。海尔家电产业集团正是构建了适合自己的工业互联网平台COSMOPlat平台，它以用户为中心，以用户的体验和需求来驱动内部智能制造的迭代升级。

COSMOPlat平台是通过在交互、定制、研发、采购、制造、物流、服务全流程节点的业务模式变革，输出七类可社会化复制的应用模块，实现产品生产高精度下的高效率。同时，可以为企业智能制造转型升级提供软硬一体的大规模定制整体解决方案和增值服务。这个平台可以提供两类服务：一是可以提供软硬一体、虚实融合的智能制造解决方案，如新工厂建设、老工厂升级、企业管理等；二是通过平台上沉淀的数据，提供基于"大数据"的增值服务，如预测性维护、全产业链的协同优化、资源共享集约、信用和金融服务等。

海尔家电产业集团自行构建的COSMOPlat平台适应自身情况，符合中国国情，同时区别于美国、德国构建的平台，已经形成全球第三极。对于用户与企业而言，它意味着海尔"智造"：进行个性化定制的规模化生产。

为进行海尔"智造"，海尔在国内已建成8个互联工厂，包括沈阳的冰箱工厂、郑州和胶州的空调工厂、佛山的洗衣机工厂、青岛的热水器工厂与中央空调互联工厂及两家模具工厂，并将逐步在全球108个工厂内复制推广。海尔中央空调互联工厂位于青岛市西海岸新区中德生态园内，配置8条总装线，4个模块化区域，具备10类中央空调产品生产能力，全球最大磁悬浮中央空调便出自这里。

为发展海尔"智造"，海尔还创建了大规模定制平台"众创汇"。消费者可以根据个人喜好和实际需求，选择产品的功能、材质、颜色、款式、图案、容积等，有定制需求的部件可以按照个人需求进行选择或自行设计。

这些"个性化"订单直达工厂，工厂通过COSMOPlat智能系统自动排产，并将生产信息自动传递给各个工序的生产线及所有模块商、物流商后，开始"投产"，每台家电在生产线上"排队"等待组装。在生产线上生产的白色家电外壳颜色各异，前后两台型号、样式可以截然不同。这样，增强了用户体验感和参与感。海尔家电产业集团还准备把"互联工厂"打造成为"透明工厂"，用户通过手机终端能够实时可视整个订单的全流程生产情况。

未来制造业是个性化、智能化、按需定制的。未来制造业是制造业和服务业的完美结合，未来制造业的竞争力不在于制造本身，而是制造背后的服务和体验，未来的制造业都是服务业，因为流水线上的大部分工人将会被机器取代，而人类的部分、体验的部分，不可能被取代。

海尔集团的"智造"家电已经实现了制造业的"个性化、智能化、按需定制"，带来了制造变革，解决了大规模工业设计生产和个人喜好之间存在的天然矛盾。我们期待智能制造模式将由中国企业主导完成，引领中国制造企业向"中国智造"转型！

微博士

互联工厂

互联工厂，即互联网工厂，是"互联网＋制造"碰撞后的新事物，其核心就是用互联网思维改造工程，将独立的工厂与互联网有机地联系起来，大大提高生产效率。互联工厂将互联网应用在工厂的制造、营销、售后服务、采购等环节，它的出现给现有的生产方式带来颠覆性变化，通过网上下订单，线下制造个性化产品。或许，它的经营模式代表了未来的发展趋势。

互联工厂

六、神奇的互联网营销

在人类社会的第四次浪潮中，传统的商品营销模式受到无情的冲击，一批批超市、商铺、直销店、品牌店无声无息地消失了。而互联网营销作为一种新的营销模式已经登上商业舞台，它蓬勃发展，有望成为未来人工智能时代的主要营销模式。

1. 多种多样的互联网营销

互联网营销是通过互联网，利用专业的网络营销工具，向网民开展一系列营销活动。互联网营销有多种多样的模式，主要有以下几种。

第一种模式：搜索引擎营销。

现在，互联网已经普及到千家万户，基于搜索结果的搜索引擎营销无疑是互联网营销体系的重要组成部分，也是互联网营销模式中最主流的一种营销手段，因其大多数是自然排名，不需要太多资金花费，因此及其受到中小企业的重视。

搜索引擎营销主要方法包括搜索引擎优化、竞价排名、分类目录、网盟广告、图片营销、网站链接、第三方平台推广营销等。个人可以把搜索引擎与自己所建立的网络门户，如博客、微博等相互关联，以增加访问量，提高知名度和关注度。

在进行搜索引擎营销时，设置关键词和图片展示很重要，所展示的图片一定要让别人知道图片里是什么，一眼就可以看出这张图片里传达的信息。为了让信息排名靠前，就要多次地重复发布；要想留住买家，咨询的回复时间、回复技巧、跟进技巧以及合理的样品寄送都是很重要的。

第二种模式：即时通信营销。

即时通信营销是互联网营销最普遍的一种形式之一，常见的即时通信工具有 QQ、微信等。企业用户通过即时通信工具与用户及时互动，还可以发布一些企业信息和产品信息，让更多消费者认识和了解。即时通信营销是企业通过即时通信工具，帮助企业推广产品和品牌的一种手段，主要有以下两种情况：第一种是网络在线交流，中小企业建立网店或者企业网站时一般会有即时通信在线，这样潜在的客户如果对产品或者服务感兴趣自然会主动和在线的商家联系；第二种是插入网友喜闻乐见的广告，发布一些产品信息、促销信息，同时加上企业要宣传的标志。

即时通信营销是网络营销的重要手段，是进行商机挖掘、在线客服的有效利器，是继电子邮件营销、搜索引擎营销后的又一重要营销方式，它克服了其他非即时通信工具信息传递滞后的不足，实现了企业与客户无延迟沟通。它最基本的特征就是即时信息传递，具有高效、快速的特点，无论是品牌推广还是常规广告活动，通过即时通信营销都可以取得巨大的营销效果。

第三种模式：聊天群组营销。

聊天群组营销是即时通信营销的延伸，是利用各种即时聊天软件中的群功能展开的营销，目前的群有 QQ 群、MSN 群、旺旺群、新浪聊天等等。

聊天群组营销时借用即时通信工具对产品或者服务进行推广和销售。这种互联网营销形式具有成本低、具备即时效果和互动效果强等特点，所以广为企业营销员采用。它是通过发布一些文字、图片、计划书等方式传播公司品牌、产品和服务的信息，从而让目标客户更加深刻地了解企业的产品和服务，最终达到宣传公司的品牌、产品和服务的目的，是加深市场认知度的网络营销活动。营销员可以直接建立自己的营销 QQ 群，来销售自己公司的产品。

除此之外，快速、方便、近乎零成本的电子邮件营销，利用博客这种网络应用形式开展网络营销的博客营销，利用互联网发送短信的平台进行短信营销，都是可供选择的互联网营销模式。

互联网营销具有传播广、信息量大等特点，而且企业在网络营销投入的成本比传统营销模式要低很多。在网络时代中，互联网成了各种信息传播的载体，近几年网络营销方式发展渐渐成熟，消费者对网络营销也从刚开始的怀疑与不接受逐渐变成了信赖与喜爱。

网络推广不仅仅是对企业形象的塑造，同时更是在建立企业品牌，借助互联网覆盖面广的特点，打造知名品牌。未来智能时代企业需要具有创新精神，而不是只拘泥于传统的营销方式，应该结合时代的发展尝试互联网营销，探索适合本企业的互联网营销模式，以便有效地对企业的产品和服务进行宣传推广。

微博士

互联网营销

互联网营销，又称网络营销，是建立在互联网的基础上，以营销为导向，以网络为工具，由营销人员利用专业的网络营销工具，面向广大网民开展一系列营销活动的新型营销方式。其主要特点是成本低、效率高、传播广、效果好。

2. 异军突起的互联网直销

提起直销，人们就会想起一位穿着皱巴巴西装的推销人员挨家挨户地推销某种商品或服务，也有人把它和到处招摇撞骗的传销联系在一起。

直销不是新行当，是一个诞生于20世纪初的老行业。但是，在人工智能融合浪潮扑击下，老行当不仅没有被淹没，还焕发了新生。这是因为互联网连接上了直销，为其搭接了营销平台，使得互联网直销拔地而起。

传统直销与互联网直销都要直接面对客户，都要直接向消费者推销产品和服务，包括知识产品。但互联网直销和传统直销有很大的区别。互联网直销有以下特点：

一是市场范围大。传统直销一般面对的是个体消费者，即使是团体消费者，也只是一个团体、一家单位，人脉关系有限，眼睛只能盯着自己的亲戚朋友。互联网直销直接面对全国消费者，乃至世界市场。它就像播种一样，撒向大地，可以遍地开花、结果。互联网直销有着无限人脉，而且是全球优质的人脉。互联网直销的客户来源都是主动找上来的，是志同道合的高素质人才。特别是先行者，他们是高质量人才，有眼光的事业伙伴，善于把握时代商机，主动找上门来合作，甚至是带队加盟。所以互联网直销能做大、做强、做得有声有色。

二是市场成本低。传统模式的直销，在开拓市场要投入成本，除了投入一定资本外，还要投入时间成本，需要花费很多时间在路上，一家家地上门推销。互联网直销开拓市场的成本几乎是零，因为现在家家户户都在上网。即使因为做互联网直销而买电脑、拉网线，投入成本也有限，花费仅仅就是电费和网费，可以说是无任何市场花销。

三是推广速度快。传统模式的产品和服务推广速度慢，需要一家家敲门，团队系统培训、学习，进行产品示范。互联网直销可以足不出户就能完成市场开拓、团队培训、学习、复制、产品示范、售后服务。通过语音聊天，一天即可与几十个人沟通。用光的速度传播信息，零距离地开发市场，还可以利用现成的网站、博客、微博、微信传播产品和服务信息，可以省去各种烦琐的环节。而且，学习、沟通方便，打开微信就可以邀请到专业人士进行协助。所以，产品和服务的推广速度快。

四是成交概率高。传统模式直销成功与否，与直销员的心理素质和人脉有很大关系，需要面对面接触，直销员需要能说会道，还需要进行自我包装，摆出高姿态样子。互联网直销无须面对面，心理因素影响小。而且，接触的是全国各地的陌生朋友，他们是志同道合地主动加入目标客户群的，所以营销人员不需要顾虑自己不会能说会道。大多数现实生活中不愿意与人交流的人进入了互联网，都能够与人沟通交流自如。

正是由于互联网直销有上述优点，所以无论是老牌的直销公司，还是新型的直销公司，都纷纷开始构建互联网购物平台，通过日益完善的现代化交易手段、支付手段和配送渠道，全面实行电子企业对直销商和直销商对顾客的电子交易。可以这样说，未来的直销企业如果没有先进的电子交易平台，是不可想象的。

互联网直销

互联网直销，指生产厂家借助互联网、计算机通信且不通过其他中间商，将网络技术的特点和直销的优势巧妙地结合起来进行商品销售，直接实现营销目标的一系列市场行为。开展网络直销有三种主要方式：直销企业建立网站、直接网络派送和电子直邮营销。

七、我帮人人，人人帮我

新加坡圣淘沙岛的西乐索海滩，一场星光水火的视觉盛宴《时光之翼》已经散场，安安一家老小随着人流步出海滩，街道上尽是游逛的游客。西乐索海滩离所住酒店大约 1 公里左右路程，本想步行回酒店，边走边逛。八岁的安安却说：走不动了。

走不动了，只能打车。可是，街道上没有空车，去哪里打车呢？

"看，小黄车！"眼尖的安安指着道路边一辆孤零零的、被锁着的小黄车喊了起来。安安的爸爸也看见了小黄车，想不到在异国他乡也能看见熟悉的共享单车。他赶紧拿出智能手机，解了锁。安安坐上小黄车，爸爸又是骑、又是推，总算回到了酒店。

小黄车 OFO 就这样方便了顾客，解决了最后 1 公里的交通难题。

1. 方便出行的共享单车

小黄车 OFO 是一种公共自行车，停放在城市的各个角落。用户需要骑它时，只需要打开手机应用，用手机扫一下车身上的二维码，就可以解锁，把车骑走。

作为公共自行车的共享单车并不是中国的独创，它是由国外兴起的公共单车模式引进国内的。这种共享单车多为有桩单车，由政府主导分城市管理。在 2010—2014 年间，专门经营单车市场的企业开始在中国出现，这些公共单车仍以有桩单车为主。

2014 年，北京大学毕业生戴威与 4 名合伙人共同创立 OFO，致力于解决大学校园的出行问题。2015 年 5 月，超过 2 000 辆共享单车出现在北大校园。最开始他们的口号是"校园代步神器，随时随地有车骑"。在创立初期，他们号召北大毕业生和老师将自己的单车共享出来，他们为这些单车涂上了醒目的黄色，加装了机械密码锁，同时推出了手机应用和微信公众号，用户输入车牌号就可以获得密码以解锁单车。随着规模的不断扩大，OFO随后也推出了自己的单车，"小黄车"和一般自行车没有太大差别，只是多了机械密码锁和共享平台。不少用户反映，小黄车骑着轻便，但缺点是密码锁容易被破解，也不能在线找车。

为解决密码锁容易被破解、不能在线找车问题，摩拜单车在城市街道上出现了。它配备了智能电子锁、GPS定位系统以及发电装置，支持在线找车，车身也更坚固，但缺点是车身较重。

就这样，黄色的OFO单车和橙色的摩拜单车在城市街头进行激烈竞争。橙黄两家都在努力改进自己，进行升级换代。摩拜单车推出了更轻便、有可调节座椅和车篮的新款单车，而OFO单车在加紧研究智能锁，新车型也采用了实心胎等更耐用的技术。二者都希望成为更加先进的公共自行车，以扩大市场规模。OFO还启动了"城市大共享"计划，将通过和自行车厂商合作，和市民合作共享市民闲置的自行车，实现"连接自行车，而不生产自行车"的效果。

共享单车的出现不是偶然的，它不仅方便且经济地解决最后1公里的交通难题，还符合绿色交通理念，使低碳出行成为一种风尚。而且，由于共享单车在外形上足够时尚，采用铝制材料、实心轮胎、智能锁和GPS等新材料、新技术。科技感单车捕获了年轻人，时尚成为共享单车的重要推动力。

由于共享单车瞄准城市出行难题，市场空间巨大，很快成了投资领域的热点，获得大量资金的支持，风险投资大量涌入。资本的注入会带来规模的扩张，使共享单车快速发展。不仅OFO小黄车和摩拜单车得到了快速发展，还出现了优拜单车、小鸣单车、骑呗单车、小蓝单车、智享单车、黑鸟单车、哈罗单车、熊猫单车、云单车、快兔出行、奇奇出行、智享出行等多种款式，十几家、几十家公司进军共享单车市场。

在激烈的市场竞争中，出现了隐忧：共享单车乱停、乱放，严重影响交通；无法退还押金，伤害顾客利益；大面积的人为破坏致使共享单车的车把、车篮等零件四处散落，一片狼籍；几种品牌的数百辆共享单车堆积成山，有碍市容。为了规范市场，2017年5月，中国自行车协会在沪召开共享单车专业委员会成立大会，宣布成立中国自行车协会共享单车专业委员会，这标志着共享单车被正式纳入国家自行车行业协会。专委会还将参与制定《共享单车团体标准》和试点，各地政府有关部门出台了相应的管理规定，规范发展共享单车。

这样，共享单车的服务会进一步提升，但必然也会带来兼并、重组或者淘汰。

微博士

共享单车

共享单车是指企业在校园、地铁站点、公交站点、居民区、商业区、公共服务区等提供的自行车共享服务，是一种分时租赁模式。共享单车是一种新型共享经济，它具有智能解锁、低碳、环保、经济实惠等特点，共享单车的出现方便出行，适合于城市短期出行。

共享单车

2. 共享经济与分享经济

共享概念早已有之，共享活动早就存在于人类社会。在传统社会里，同学、同事和朋友之间借书、借物，邻里之间互借东西，都是共享活动。但这种共享活动受制于空间、关系两大要素，一是信息或实物的共享要受制于空间的限制，只能仅限于个人所能触达的空间之内；二是共享需要有双方的信任关系才能达成。所以，传统社会里的共享活动只出现在熟人之间。

随着互联网的发展，各种网络虚拟社区、BBS、论坛开始出现，用户在网络空间上开始向陌生人表达观点、分享信息。但网络社区以匿名为主，社区上的分享形式主要局限在信息分享或者用户提供内容，而并不涉及任何实物的交割，大多数时候也并不带来任何金钱的报酬。这是互联网意境下的共享活动。

传统社会里的共享活动不能称为"共享经济"。"共享经济"这一概念最早由美国得克萨斯大学社会学教授马科斯·费尔逊和伊利诺伊大学社会学教授琼·斯潘思共同提出。他们描述了一种新的生活消费方式，涉及三个主体：商品或服务的需求方、供给方和第三方共享经济平台。

第三方共享经济平台可以由商业机构、组织或者政府搭建，个体消费者或生产者借助、利用这个平台，购买自己需要的产品、服务，推销自己生产的产品、服务，交换闲置物品，分享自己的知识、经验，或者向企业、某个创新项目筹集资金。

需要指出的是"共享经济"与"分享经济"是两个既有联系也有区别的概念，分享经济指的是某项闲置资源在有偿分享过程中，表现出的所有权与使用权分离特征，例如私家车车主从事网约车服务，就是典型的分享经济。共享经济指的是消费者借助第三方信息平台，进行以租代买等活动，实现商品和服务的优化配置，例如当前高速发展的共享单车模式，则是典型的共享经济。

伴随人工智能时代的到来，共享经济作为一种新兴事物将会风靡于世，随之而来的消费革命也会如火如荼地进行。"人人帮我，我帮人人"的愿望有望在人工智能时代的共享经济平台上实现。它是在共享经济理念下开创的新模式，它突破传统社会中空间的限制因素，通过共享经济平台建立用户之间的交流关系，在此基础上互相了解、互相信任、互相帮助以实现愿望。

人工智能时代导致了一些产品的销售量会降低，但是整体公共总福利会提高。共享经济平台的出现让好多根本就买不起这个产品的人，也能用上这个产品。共享经济平台还创立了合伙人机制，在这个平台上招募核心创业伙伴，并且为其提供一站式全方位的帮扶政策，与合伙人共享平台成果。

共享经济平台的创建不仅有经济意义，还有精神世界和伦理意义上的提升。今日互联网在给人们带来便利的同时，也带来相应的负面影响，长时间沉迷于网络，人与人之间产生交流障碍，温情缺失。共享经济平台利用"互联网+"模式，依托共享经济，使人们在平台中回到准熟人的状态，在其中感受到更多的亲密感和沉浸感，实现在社会中缺失已久的情感的回归。

微 博 士

共享经济

共享经济是以获得一定报酬为主要目的，基于陌生人且存在物品使用权暂时转移的一种新的经济模式。它是通过互联网作为媒介来实现的，使人们公平享有社会资源，各自以不同的方式付出和受益，共同获得经济红利。

3. 共享经济发展驱动力

"共享经济"这一术语早在20世纪70年代就已经被提出，然而共享经济在近几年才实现大规模发展。这反映出驱动共享经济发展的基本条件已经具备并渐趋成熟。

共享经济的发展驱动力主要有以下四点：

一是互联网信息技术的产生与普及。当下共享经济的巨大发展，得益于互联网信息技术的进步。开放数据、移动互联网的普及，为共享经济平台进行资源优化配置提供了技术条件。

二是人口红利。近年来，共享经济在中国的大发展也源自人口基数带来的互联网人口红利。根据第39次《中国互联网发展状况统计报告》：截至2016年12月，中国网民规模达7.31亿，相当于欧洲的人口总量；我国手机网上支付用户规模达到4.69亿，年增长率为31.2%；网民手机网上支付的使用比例由57.7%提升至67.5%，手机支付向线下支付领域快速渗透。

三是大量共享经济服务提供者的出现。随着中国经济转型升级过程中，大量的传统行业劳动力进入共享经济领域，个人的技能或服务借助第三方平台实现更快速的流动。

四是大量闲置资源可供优化。社会上一些资源被闲置着，或利用率不高。以汽车为例，根据摩根士丹利的研究显示，平均一辆车只有4%的时间在行驶，而在96%的时间中被闲置，这在客观上提供了可供优化的资源。

共享经济通过现代信息技术手段，增进共享经济交易双方的信息对称性，进而提升交易双方的信任程度，实现共享经济的去中心化、去中介化。这一运行模式改变了传统产业的运行环境，提高零散消费群体的组织化程度，增加了社会经济的有效供给，改变了传统的劳资关系，实现了灵活的工作时间、工作地点，为参与共享经济服务的人在本职工作之外创造了额外收入，将形成全职与兼职相结合的组织形态。其客观效果是缓解社会治理难题，减少资源紧张、交通拥堵等问题带来的社会矛盾。

我国共享经济的主要领域包括交通出行、房屋住宿、知识技能、生活服务、医疗服务、共享金融、二手交易等。其中，交通出行领域的共享经济最引人关注，因为交通出行领域的共享经济对交通资源优化配置需求巨大，且资源配置效果较其他共享经济领域更为显著。另外，房屋住宿服务由于涉及房屋这类高价商品，经济效益更为显著，更易引起共享经济投资者的关注。

中国市场的共享经济热潮从"无形商品"开始，继共享单车、共享汽车之后，共享充电宝、共享篮球、共享雨伞、宠物寄养共享、车位共享、专家共享、社区服务共享及导游共享……新的共享模式层出不穷，在供给端整合线下资源，在需求端不断为用户提供更优质多样化体验。

共享经济的主要领域

八、银行开到了你家

2015 年 1 月 4 日，微众银行敲下电脑回车键，卡车司机徐军就拿到了
3.5 万元银行贷款。这是微众银行作为国内首家开业的互联网民营银行完成的

第一笔放贷业务。

这笔放贷业务意义非凡，标志着互联网金融在中国出现了，互联网银行来到了人们家里。

互联网银行是怎么发展起来的？互联网银行会取代传统银行吗？

1. 什么是互联网金融

金融是一种信息服务。货币这种一般等价物虚拟化后，进入互联网是顺理成章的事，虚拟化的货币在互联网中出现和应用，这就是互联网金融。

互联网金融是传统金融行业与互联网结合的新兴金融领域，是互联网"开放、平等、协作、分享"的精神注入传统金融业的结果。

互联网金融与传统金融的区别不仅在于金融业务所采用的媒介不同，更重要的是在于金融参与者通过互联网、移动互联网等工具，使得传统金融业务具备透明度更强、参与度更高、协作性更好、中间成本更低、操作上更便捷等一系列特征。

互联网金融组织形式有三种：

一是互联网公司做金融，它就是完全依赖于互联网的电子银行，它是一种无形的、新颖的金融企业，是一种虚拟银行。电子银行是可以没有实际的银行柜台作为支持的网上银行。这种网上银行可以只有一个办公地址，没有分支机构，也没有营业网点，采用互联网等高科技服务手段与客户建立密切的联系，提供全方位的金融服务。以美国安全第一网络银行为例，它成立于1995年10月，是在美国成立的第一家无营业网点的虚拟网上银行，它的营业厅就是网页画面。当时银行的员工只有19人，主要的工作就是对网络的维护和管理。要是这种现象大范围发生，取代原有的金融企业，那就是互联网金融颠覆了传统金融企业。

二是金融企业的互联网化，这是在现有的传统银行的基础上，利用互联网开展传统的银行业务交易服务，即传统银行利用互联网作为新的服务手段为客户提供在线服务。实际上，它是传统银行服务在互联网上的延伸，是原有金融企业适应互联网时代发展进步的结果。

三是互联网公司和金融企业合作。这是互联网金融企业和传统银行战略合作，不仅有业务层面的合作，更有金融科技层面的共同探索。双方合作最大的驱动力是科技赋能金融，科技实力占优的一方寄希望于将科技融入金融业，从而推动科技自身的进化；被科技输出的金融企业，想借此提升业务体验，同时也能"用市场换技术"的方法，推动自身科技实力的快速提升。

从中国互联网金融发展情况来看，自 2013 年以在线理财、支付、电商小贷、P2P、众筹等为代表的细分互联网嫁接金融的模式进入大众视野以来，互联网金融已然成为一个新金融行业，并为普通大众提供了更多元化的投资理财选择。

2014 年，互联网银行落地，标志着"互联网＋金融"融合进入了新阶段。2015 年 1 月 18 日，深圳前海微众银行试营业，并于 4 月 18 日正式对外营业，成为国内首家互联网民营银行。

阿里巴巴旗下的浙江网商银行于 2015 年 6 月 25 日上线。微众银行的互联网模式大大提高了金融交易的效率，客户在任何地点、任何时间都可以办理银行业务，不受时间、地点、空间等约束，效率大大提高；通过网络化、程序化交易和计算机的快速自动化等处理，大大提高了银行业务处理的效率。

微博士

互联网银行

互联网银行是互联网金融服务机构，指借助现代数字通信、互联网、移动通信及物联网技术来实现银行的所有业务操作，在线实现为客户提供存款、贷款、支付、结算、汇转、电子票证、电子信用、账户管理、货币互换、P2P金融、投资理财、金融信息等金融服务。

互联网银行

2. 网上银行提供的金融服务

银行把柜台开到家，这是互联网金融网上银行出现后产生的新事物，也是未来人工智能时代常见的景观。

网上银行，又称网络银行、在线银行，是指银行利用互联网技术，通过互联网向客户提供开户、查询、对账、行内转账、跨行转账、信贷、网上证券、投资理财等传统服务项目，使客户可以足不出户就能够安全便捷地管理活期和定期存款、支票、信用卡及个人投资等金融服务。

网上银行包含两个层次的含义：一个是机构概念，指通过信息网络开办业务的银行，即互联网银行；另一个是业务概念，指银行通过信息网络提供的金融服务，包括传统银行和互联网银行提供的新兴业务。

在日常生活和工作中，我们提及网上银行，更多的是第二层次的概念，即网上银行服务的概念。网上银行业务不仅仅是传统银行产品简单地向网络的转移，其他服务方式和内涵发生了一定的变化，而且由于信息技术和智能技术的应用，又产生了全新的业务品种。

网上银行能提供那些业务金融服务呢？

首先，网上银行能提供网上形式的传统银行业务，包括银行及相关金融信息的发布、客户的咨询投诉、账户的查询勾兑、申请和挂失、在线缴费和转账、在线查询账户余额和交易记录、申请和挂失以及在线缴费和转账、支付等功能。

其次，网上银行能提供电子商务相关业务，既包括商户对客户模式下的购物、订票、证券买卖等零售业务，也包括商户对商户模式下的网上采购等批发业务的网上结算。在未来人工智能时代，网上银行将会为各种工商企业提供量身定制的企业银行服务。未来的企业银行服务是网上银行服务中最重要的部分之一。其服务品种比个人客户的服务品种更多，也更为复杂，对相关技术的要求也更高。企业银行服务一般提供账户余额查询、交易记录查询、总账户与分账户管理、转账、在线支付各种费用、透支保护、储蓄账户与支票账户资金自动划拨、商业信用卡等服务。此外，还包括投资服务等。部分网上银行还可以为企业提供网上贷款业务，为集团客户提供网上查询子公司的账户余额和交易信息。

再次，网上银行能提供新的金融创新业务，这些金融创新业务主要有以下几种：① 网上投资，在未来人工智能时代，金融服务市场十分发达，可以投资的金融产品种类众多，网上银行一般可以提供包括股票、期权、共同基金投资等多种金融产品服务；② 网上购物，未来人工智能时代的网上购物，将会更普遍、更便利，网上银行会设立各种网上购物协助服务，可以极大地方便客户网上购物，为客户在相同的服务品种上提供优质的金融服务或相关的信息服务，加强了银行在传统竞争领域的竞争优势；③ 个人理财服务，如今已出现了个人理财助理，在未来人工智能时代，各大银行将传统银行业务中的理财助理转移到网上进行，通过网络为客户提供理财的各种解决方案，提供咨询建议，或者提供金融服务技术的援助，从而极大地扩大了银行的服务范围，并降低了相关的服务成本。

除此之外，网上银行可以通过自身或与其他金融服务网站联合的方式，为客户提供多种金融服务产品，如保险、抵押和按揭等，以扩大网上银行的服务范围。

微博士

"3A 银行"

所谓"3A 银行"就是网上银行的别称，因为它不受时间、空间限制，能够在任何时间（Anytime）、任何地点（Anywhere）以任何方式（Anyway）为客户提供金融服务，所以被称为"3A 银行"。"3A 银行"的用户只要有一台可以上网的电脑，就可以使用浏览器或专有客户端软件来使用银行提供的各种金融服务，如账户查询、转账、网上支付等金融服务。

3. 互联网银行会取代传统银行吗？

在"互联网 + 金融"领域，产生的是形式多样的互联网银行。网上银行横空出世的时候，传统银行多少有些坐立不安，感到了网上银行带来的挑战，传统银行的好日子似乎结束了，未来金融领域似乎不再可控。也有人怀疑网上银行的二维码支付存在安全隐患。

网上银行能不能长期存在，只要看一下网上银行的优点便可一目了然。

网上银行有以下优点：

一是网上银行全面实现无纸化交易。传统商业银行使用的票据和单据大部分被电子支票、电子汇票和电子收据所代替；原有的纸币被电子货币，即电子现金、电子钱包、电子信用卡所代替；原有纸质文件的邮寄变为通过数据网络通信进行传送。

二是网上银行提供的金融服务，方便、快捷、高效、可靠。而且，网上银行打破了传统银行业务的地域、时间限制。网上银行无时空限制，在用户有任何需要的时候都可使用网络银行的服务，不受时间、地域的限制，即实现"3A 服务"。这样，有利于扩大客户群体。

三是网上银行经营成本低廉。这是由于网络银行采用了虚拟现实信息处理技术，网络银行可以在保证原有的业务量不降低的前提下，减少营业点的数量，减少了人员费用，提高了银行后台系统的效率。这样，大大降低了银行的经营成本，有效提高银行盈利能力。

四是网上银行简单易用，有利于服务创新，向客户提供多种类的个性化服务。传统银行通过银行营业网点销售保险、证券和基金等金融产品，往往受到很大限制。利用互联网和银行支付系统，容易满足客户咨询、购买和交易多种金融产品的需求，客户除办理银行业务外，还可以很方便地进行网上买卖股票债券等，网上银行能够为客户提供更加合适的个性化金融服务。

由于网上银行具有上述优点，所以具有茁壮成长的趋势。网上银行不但可以为银行省下不少人力成本，因此有些银行对于使用网上银行的客户提供更高的存款年息率，或是减免手续费。

随着国家有关部门对互联网金融的研究也越来越透彻，国家银联对网上银行制定了相应标准，互联网金融得到了较为有序的发展，也得到了国家相关政策的支持和鼓励。

就中国情况而言，对于互联网金融，2013 年是初始之年，2014 年是调整之年，而 2015 年成为各种互联网金融模式进一步稳定客户、市场，走向成熟和接受监管的规范之年。由于互联网银行金融业务与电子商务紧密结合，阿里巴巴、苏宁、京东等大型电子商务企业纷纷自行或与银行合作开展此项业务。

互联网企业多基于人工智能领域的"大数据"技术，互联网银行在放贷前可以通过分析借款人历史交易记录，迅速识别放贷风险，很快可以确定信贷额度。这样，互联网银行借贷效率大大高于传统银行。互联网银行在放贷后，可以对借款人的资金流、商品流、信息流实现持续闭环监控。放贷企业的一举一动也全在互联网银行眼皮下，有力降低了贷款风险，进而降低利息费用，可以让利于借款企业，很受小、微企业的欢迎。

近几年，我国P2P网络信贷市场出现了爆炸式增长，无论是平台规模、信贷资金，还是参与人数、社会影响都有较大进步。P2P规模的飞速发展为中、小、微企业融资开拓了新的融资渠道，也为居民进行资产配置提供了新的平台。

众筹这种融资模式具有融资门槛低、融资成本低、期限和回报形式灵活等特点，是初创型企业的重要融资渠道。我国已成立的众筹平台已经超过100家，其中约六成为商品众筹平台，纯股权众筹约占两成，其余为混合型平台。

互联网银行实际上就是把传统银行搬到互联网上，实现银行的所有业务操作。它和传统银行之间的区别是，互联网银行无需分行，服务全球，业务完全在网上开展；同时，它拥有一个非常强大安全的平台，保证所有操作在线完成，足不出户，流程简单、服务方便、快捷、高效、可靠。由于互联网银行通过互联网技术，取消物理网点和降低人力资源等成本，与传统银行相比，具有极强的竞争优势。

互联网巨头比尔·盖茨说："传统银行不能对电子化作出改变，将成为21世纪灭绝的恐龙。"

看来互联网银行的出现，会影响到将来银行的生存，那是因为信息技术的变化导致货币这种交易媒介的演变。甚至有人说，未来没有银行，如果有，那它一定是互联网银行。

在第四次浪潮冲击下，传统银行的传统行销模式受到强烈冲击，互联网银行与传统银行在进行激烈竞争，互联网银行与传统银行是针尖对麦芒，还是握手言和？在未来的智能化时代，银行的发展前景又是怎样？让我们拭目以待！

微博士

微众银行

微众银行是导入人工智能领域的"大数据"等技术，进行业务风控银行的商业银行，它以"普惠金融"为概念，主要面对个人或企业的小、微贷款需求，利用互联网平台开展业务，依托平台，与其他金融机构合作开展业务。深圳前海微众银行就是一家微众银行，是我国首家互联网民营银行。

第六章　走向人工智能时代

人工智能融合浪潮的出现和发展，造就了第四次浪潮文明出现，并使得人类社会发生了巨大变化，迎来一个全新的天方夜谭式的新时代——人工智能时代。

人工智能时代的出现使人类社会出现一个伟大的历史转折和跃变，会使世界面貌一新，用天翻地覆来形容都并不为过。

现代地球上的人类不论生活在哪个国家、哪个地区，不论民族、阶级和现在所处的生存环境和生活状态，他们都不例外地在走向人工智能时代。自然，他们的步伐不一致，速度不一样，或快或慢，但是方向一致，都在走向人工智能时代。

一、人工智能时代的物质基础

社会物质财富极大丰富，是人类千百年来梦寐以求的目标，也是进入人工智能时代的物质基础。这里首先要说明的是：所谓"社会物质财富极大丰富"只是一个相对的概念。极大丰富的物质产品，是指能满足人们生产、生活基本需求的工农业产品和生活必需品的极大丰富，而不是"想要什么就有什么"。因为对于贵重物品、奢侈品和其他稀缺物品是不大可能达到"极大丰富"的，而且刚发明的新产品，刚上市时，也会是较少和较贵的。

人工智能融合浪潮第一个结果是：使社会物质财富极大丰富。人工智能融合浪潮推进了新兴产业大发展，而新兴产业大发展可以促进社会生产力大发展，可以做到大宗产品的品种多样、产量巨大，而且价格还要十分便宜。这样，便可使社会物质财富极大丰富，为人工智能时代的到来，打下物质基础。

1. 生产物质产品的三要素

社会物质财富是指人们生产、生活中所需的所有工农业产品，是人们生活中衣、食、住、行、用等所需的各种耐用和不耐用的消费品，包括食品、衣着、家居、住宅、交通工具、家用电器等都是物质财富。另外，在社会生产活动中所需的机器设备、能源、原材料等也是不可缺少的物质财富。

如何把自然资源加工制造成各种工农业产品呢？

把自然资源加工成工农业产品，一般都需要经过三个步骤：一是向大自然索取自然资源；二是把取到的自然资源加工成原材料；三是用以能源为动力的机器设备对原料进行加工，生产出多种多样的工农业产品。如汽车生产，先要采矿、选矿，然后冶炼、轧制，得到各种金属材料，或用其他方法制造出许多种非金属材料。然后，用机床、自动机械和机器人对各种材料进行加工，得到所需的汽车零部件，再经过装配，便完成了汽车生产的全过程，得到成品汽车。

在这三个步骤中都离不开资源、技术和劳动力。不管什么物质产品，从工业时代的蒸汽机、电动机，到现代的计算机、无人驾驶汽车等的生产过程，都需要资源、技术和劳动力。

为此，人们把资源、技术、劳动力称为生产物质产品的三要素。无论是农耕时代、工业时代、信息时代，还是人工智能时代，要生产物质产品，创造社会物质财富，都离不开这三要素。

随着生产的发展，技术的进步，生产出的物质产品越来越复杂，越来越高级，但仍离不开资源、技术、劳动力三要素，只不过是资源的品种越来越多、技术的难度越来越大、劳动力的水平越来越高而已。

在物质产品生产过程中，如果只有自然资源和技术，仍然是无法生产出物质产品的。必须有掌握了技术的劳动力来掌控生产的全过程，物质产品方能被生产出来。生产物质产品的三要素：材料、能源和劳动力，也是人类文明社会的基石，缺一不可。农业社会发展到工业社会，工业社会发展到信息社会，信息社会向人工智能时代发展，都是材料、能源和劳动力三要素变化、发展的结果。

当人工智能融合浪潮促使新兴产业大发展，尤其是新材料产业、新能源产业和机器人产业大发展后，解决了发展生产所必需的材料、能源和劳动力，生产大发展有了基础，必然会使社会物质财富极大丰富。

微博士

生产三要素论

生产三要素论是法国经济学家萨伊提出的一种价值理论。他指出商品的价值是由劳动、资本和土地这三个生产要素协同创造的。萨伊把资本等同于生产工具，指出劳动、资本、土地是一切社会生产所不可缺少的三个要素。生产不是创造物质产品，而是创造效用，即使用价值。效用是商品价值的基础，商品价值的大小则取决于它的效用。所以，劳动、资本、土地这三个要素，不仅被看作是创造商品使用价值的要素，而且是创造商品价值的要素。马克思认为，萨伊把商品的价值和使用价值（效用）混为一谈，把创造价值的要素和创造使用价值的要素混为一谈，其目的就是要否定劳动是价值的唯一源泉。

2. 人工智能解放了人力劳动

社会所有的社会物质财富都是由掌握了技术的劳动力创造的，一切工农业产品是通过对自然资源加工制造所得到的。地球上的自然资源是大自然对人类的恩赐，是免费供应的。当新兴产业大发展后，可利用的自然资源会变得越来越多。

免费供应的自然资源，被加工成物质产品后，为什么不能免费供应呢？

原来，在工农业产品的生产过程中，劳动力是生产活动的主体。这里，劳动力应包括智力劳动力和体力劳动力。首先，生产的目的性是由人掌控的，也就是说，生产什么物质产品，以及物质产品的整个生产流程是由人确定的；其次，生产技术和生产工具、设备也是由人发明、制造的；再次，在物质生产的各个工艺过程中，都要由人付出脑力和体力劳动，才能把物质产品生产出来。所以说，在物质生产过程中，劳动力才是主体。

对所有参加生产的劳动力都需要付出相应的工资。因此，物质产品的价格，实际上主要是用于支付劳动者工资的。所以，免费供应的自然资源加工成物质产品后，不能免费供应。

社会物质财富极大丰富，不仅是指物质产品的品种和数量很多、很丰富，更重要的是物质产品的价格要便宜，才能使人人都买得起、用得起。怎样才能使社会物质产品又多又便宜呢？这就需要廉价劳动力。

机器人是不领工资的劳动力。随着人工智能技术的发展，大量廉价的机器人、智能机器人研制和生产出来了，取代了大部分人力劳动力时，社会物质产品就会变得非常便宜。再加上人们对物质产品品种的不断研制、开发，所得到的社会物质产品，必然是极大丰富的。这为人们所期望的"各取所需"社会打下了物质基础。

微博士

智能机器人

智能机器人，又称自控机器人，它具备各种信息传感器，如视觉、听觉、触觉、嗅觉，又装备有效应器作为作用于周围环境的手段，使手、脚、长鼻子、触角等动起来。智能机器人至少要具备三个要素：感觉要素、反应要素和思考要素。智能机器人能够理解人类语言，用人类语言同操作者对话，并能调整其动作以达到操作者所提出的全部要求，执行操作者所希望的动作。智能机器人可以应用在工业、农业和军事部门。随着智能机器人技术的发展，智能机器人还将走进千家万户，更好地服务人们的生活，让人们的生活更加美好。

二、人工智能时代的华彩乐章

人工智能融合浪潮在世界各地持续地、长期地作用，在让社会物质财富极大丰富的同时，使得世界变了模样。其中一个重要变化是使世界智能化，人工智能融合到人类社会的各个领域、各个部门和各行各业，使人类社会发生了巨大变化，迎来一个全新的天方夜谭式的新时代：人工智能时代。

人工智能时代的出现使人类社会出现一个伟大的历史转折和跃变，会使世界面貌一新，用天翻地覆来形容也不为过。现代地球上的人类不论生存在哪个国家、哪个地区，不论民族、阶级，也不论人们所处生存环境和生活状态多么不同，他们都无一例外地在走向人工智能时代。自然，他们的步伐不一致，速度不一样，或快或慢，但是方向一致，都在走向人工智能时代。

1. 人工智能使世界智能化

人工智能融合浪潮的产生与推进，使得高新科技得到飞速发展，以物联网、云计算、"大数据"为代表的新一代信息产业和新兴产业群出现了，并得到大发展。它们都是在计算机和互联网的基础上发展起来的。

要是说，互联网达成了人与人之间的信息沟通，那么物联网则造就了人与物、物与物之间的信息沟通。这是神奇的芯片创造的奇迹，把芯片植入物体，芯片能反映被植入物体的结构和状态。

世界智能化过程中，芯片至关重要，如果把计算机的中央处理器 CPU 比喻为心脏，那么装备芯片组的主板就是整个身体的躯干。对于主板而言，芯片组几乎决定了这块主板的功能，进而影响到整个计算机系统性能的发挥，芯片组是主板的灵魂。芯片就这样起到了灵魂作用。

当亿万片芯片植入各种建筑物、家用电器、交通工具、机械设备、各种管道、桥梁乃至人们的服装鞋帽，再用物联网把它们连接起来，它们发出的信息则由云计算统筹运作。巨量芯片发出的巨量信息，由云计算和"大数据"来处理和调控。"大数据"挖掘海量数据，它依靠云计算的技术来处理。

这时，人们便可通过云计算全面掌控这个宏伟的物质世界。物联网就这样造就了人与物、物与物之间的信息沟通。要是说，物联网相当于城市的感觉器官和神经系统，那么，云计算和"大数据"则相当于城市的大脑。

人类社会各个部门可通过物联网与各行各业相联系。通过人工智能技术，出现了"人工智能＋金融""人工智能＋工业""人工智能＋农业""人工智能＋商业""人工智能＋交通""人工智能＋教育""人工智能＋医疗""人工智能＋能源"等一系列"人工智能＋"，这时整个城市和社会都有了高智能和高效率。

人工智能融合浪潮就这样使整个世界智能化，而世界智能化是人工智能时代的物质基础。届时，不仅人类有智能，机器也有智能——机器人有智能、建筑物有智能、城市交通有智能、城市基础设施有了智能、整座城市就这样有了智能，甚至整个地球都会有智能。

这样，新名词"智慧城市"与"智慧地球"出现了。或许，人工智能时代的城市确实是一座智慧城市，人工智能时代的地球确实是一个智慧地球，让我们拭目以待！

微博士

智慧地球

智慧地球分成三个要素——物联化、互联化、智能化，是指把新一代的IT、互联网技术充分运用到各行各业，通过互联网形成物联网，通过超级计算机和云计算，使得人类以更加精细、动态的方式生活，从而在世界范围内提升智慧水平。这样，整个地球成了智慧地球。

2. 美丽的地球大家园

当前世界，地球环境危机重重，环境污染、土地沙漠化、生态失衡、自然资源即将枯竭、自然灾害频繁等危机侵害地球，威胁着人类的生存。

地球环境危机始于工业社会。由于工业革命的推动，钢铁材料、蒸汽动力、机械制造、矿物燃料等技术大量用于生产，形成产业，生产力得到发展。但是，工业社会的人类不懂得保持生态平衡，人类的生产活动超过了自然界所能承受的极限。这样，出现了地球环境危机，原本绿色的环境变成了黑色，天空变得灰蒙蒙的，看不见蓝天白云；原本蓝色的海洋出现了白色污染，影响了海洋生物的生存。

大气污染、水体污染、土壤污染、噪声污染及热污染，这些环境污染严重地破坏了地球环境，威胁着人类的安全和生存，也威胁着地球上其他物种的安全和生存。

为此，人类社会提出了建设"绿色地球"、美丽地球家园等激动人心的口号，但这只是人类的一厢情愿：人类梦想地球永远是绿色的，地球家园永远是美丽的。人有智慧、有创造力，人能创造出各种工具来改造自然。在工业时代，凭着各种钢铁机械，虽然也能上天入地、翻江倒海，但无论数量和质量都不足以控制自然，无法完成建设"绿色地球"，美丽地球家园的任务。

真要实现"绿色地球"，真要使地球成为美丽地球家园，只有在人类进入了人工智能时代后，大力发展新兴产业，尤其是机器人得到广泛应用，新能源取得重大突破，才可具备与大自然较量的手段，建设美丽地球就有了成功的把握，建设"绿色地球"这种美好的愿望才可能实现，梦想才可能成真。

人工智能融合浪潮的出现和推进，使得新兴产业大发展，使得计算机技术、互联网、物联网渗透到人们生产活的方方面面，环保技术搭上了人工智能技术的顺风船而飞速发展。要消除大气污染、水污染、工业废渣污染和垃圾污染等，就得依靠现在正在蓬勃发展的现代环保技术和现代环保产业。

当廉价的高水平智能机器人大批量生产出来，当便宜的太阳能、风能等新能源得以源源不断地供应，这时操控着可再生能源的智能机器人，便成了克服地球环境危机的主力军。他们不仅能克服地球环境危机，还会把地球建成美丽的大花园。有了廉价的新能源和智能机器人，环保产业如虎添翼，才能顺利完成"绿色地球"和建设美丽地球家园的任务。

在人工智能时代，要建设"绿色地球"、美丽地球，不仅要消除环境污染、保护生态平衡、绿化沙漠，还必须要缓解和控制自然灾害，妥善地处理好人与自然的关系，做到"天人和谐"！

3. 人类社会发生巨变

人工智能融合浪潮的最后结果是促使人类社会发生巨变，出现伟大的历史转折。

在人类社会发明了机器人、大量使用机器人、解放了人力劳动力后，人们就可以腾出手来从事知识生产。当机器人取代了人力劳动力，使得社会生产力大发展、社会物质财富极大丰富，被机器人解放的人力劳动力将主要从事知识生产，从事创造性劳动，"大众创业，万众创新"的景象才可能出现。

这样，人类社会就从以体力劳动为主的初级阶段，进入到高级的从事知识生产的智能阶段。

还由于信息时代发生了"信息爆炸"，这使知识生产的工作岗位发展到几乎是无限的。在人工智能时代，新学科、新产业层出不穷，每门新学科需要人去研究、去完善，每种新产业需要人去开拓、去发展，无限的知识生产工作岗位在向人们招手。

进入人工智能时代后，机器人取代了大部分人们体力劳动的工作岗位，流水作业线上都是工业机器人在作业，建筑工地上是建筑机器人在添砖加瓦，农业工厂、现代农市里农业机器人在劳作，流通领域的货物搬运机器人、售货机器人、快递机器人、驾驶机器人在忙碌，在火警现场是救灾机器人在灭火，在办公室中白领职工的许多工作也被机器人取代了，家中的照顾老人、护理病人、陪伴儿童和简单家务劳动等也由各种服务机器人包下了。

人工智能时代在改变人类工作、劳动方式、生活方式的同时，也改变了城市面貌，智慧城市、立体城市、地下城市、空中城市、海上城市和海底城市等在建设美丽地球的过程中将遍地开花。这些新型城市的出现，不仅能增加人们居住和活动的空间，还将提高城市人民的生活质量，更会极大地丰富城市人的生活。

未来的新型城市，不管是立体城市、地下城市、空中城市、海上城市，还是海底城市，首先都是智慧城市。而建设智慧城市，靠的是人工智能技术，尤其是物联网和云计算的技术和产业。物联网的发展犹如给城市中各个系统安装了各种"感觉器官"和"神经系统"，而云计算则是使城市有了统一的"大脑"。它们是各种新型城市的"软件"。

人工智能时代发生的巨变将使人类社会发生伟大的历史转折和跃变。社会物质财富极大丰富，亿万民众的衣、食、住、行、用等物质生活富足，多数人会对生活更满意。

微博士

智慧城市

智慧城市是指把新一代的IT技术、互联网技术充分运用到城市中的各行各业，感测、分析、整合城市运行核心系统的各项关键信息，从而对包括民生、环保、公共安全、城市服务、工商业活动在内的各种需求作出智能响应，实现城市智慧式管理和运行，为城市中的人创造更美好的生活，促进城市的和谐、可持续成长。

三、智能时代的医疗

北京一家医院的一间神经内科专家诊室，一位病人听见专家医生确诊自己得了帕金森病后，脸上露出非常沮丧的样子。病人知道帕金森病是无法治愈的疾病，便对着专家医生说："完了，我的后半生要一直吃药，而且病情还会持续恶化。"

专家医生不以为然地说："很多人年龄大了，命运都会给他发牌。有的牌是心肌梗死，让他直接晕倒在厕所再也不会醒来；有的牌是脑卒中、偏瘫、生活起居不能自理，子女无法时刻照顾他。你接到的牌是帕金森病，让你和这两张牌换，你换哪个？"

病人听了苦笑着说："命运对我好像还不错嘛！"

这是发生在现代社会的一个医疗小故事，但它启示了现代医疗的悄悄变化。医疗是社会学，是哲学，是艺术，科学只是医疗的一小部分。医生要做的是在医疗的某个环节中提高效率，改善其质量和安全。

在人工智能时代，人工智能技术就是帮助医生在医疗的某个环节中提高效率，改善其质量和安全。

1. 人工智能医疗诊断

人工智能技术在医疗上应用，可以提高医疗质量，减少误诊。人工智能医疗诊断系统的应用使诊断精准度大幅提高。因为即使经验丰富的医生可能也只接触过数百例患者，但人工智能医疗诊断系统能根据数以千万计的患者数据，制定出针对特定患者病情的诊疗方案。

由于人工智能医疗诊断系统具有超越医生的诊断能力，有望得到广泛应用，成为医生的可靠助手。

在众多医疗细分领域中，医学影像诊断可能成为人工智能医疗诊断系统率先应用的领域。由于培养周期长等多种原因，影像科医生缺口巨大。同时，影像读片高度依赖经验，因经验差异使得影像读片的准确率差异很大。

人工智能医疗诊断系统之所以能首先在医学影像诊断领域得到应用。由于这个医疗诊断系统采用了人工智能中的深度学习技术，推动了医学影像诊断技术的进步。利用人工智能医疗诊断系统进行医学影像诊断，可以横向地、客观地进行影像诊断，能够防止遗漏和误诊。

中国国家神经系统疾病临床医学研究中心等机构曾经主办了一次神经影像人工智能人机大赛，结果医疗人工智能以高出约 20% 的准确率战胜了人类参赛队。比赛中展示的"BioMind 天医智"可以辅助诊断头部疾病，在脑膜瘤、胶质瘤等常见病领域的核磁共振影像诊断准确率相当于一名高级职称医师级别的水平。

人工智能医疗诊断系统可用于诊断、治疗多种疑难病症，它能找出最佳治疗方案。这对于身患多种疾病、病情复杂的患者是一个福音。因为这个医疗诊断系统是利用人工智能技术参照过去成千上万例诊断治疗数据为基础的，所以，它提供的相应治疗方法也是可信的。当然，最终决定权在医生手中，但人工智能的帮助无异于给医生吃了一剂定心丸。

美国已有医疗机构引进 IBM 的超级计算机"沃森"，建立自己的人工智能医疗诊断系统。由于"沃森"是基于事实数据的计算系统，所以它的诊断有理有据。肿瘤科的医生可以获得"沃森"基于病人症状制定出的治疗建议，这样就可以迅速诊断每一位患者的病情并以此制定出最佳的治疗方案。

未来的人工智能医疗诊断系统是高度人工智能与医疗数据基础操纵下的自动化智能信息系统。所以，它可以向医务人员提供智能信息服务。医生在治疗身患多种疾病的患者、老年患者、没有接触过的罕见病例或不常见的传染病时，利用人工智能医疗诊断系统，就能在最短的时间内对患者进行诊断，并制定出最佳的治疗方案。

对于普通家庭和患者来说，人工智能医疗诊断系统可以提供科学的、值得信赖的医疗信息，这样可以杜绝泛滥成灾、良莠不齐的医疗信息。而且，使求医者或患者及早注意、发现健康危机，综合判断已有医疗数据以及所有网络上的信息变化，作出初期医疗判断，可避免乱投医、乱吃药和过度治疗。

医学影像诊断

医学影像诊断是借助于某种介质，如 X 射线、电磁场、超声波等与人体相互作用，把人体内部组织器官结构、密度以影像方式表现出来，供诊断医师根据影像提供的信息进行判断。医学影像诊断方法主要包括透视、放射线片、CT、MRI、超声、数字减影、血管造影等。

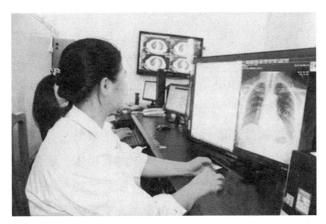

医学影像诊断

2. 人工智能在医疗领域的突破

人工智能是新一代的革命性技术，人工智能技术在医疗领域的突破发生在传统医疗行为无法触及的领域。在传统的医疗模式中，诊断和治疗占用了医生大量的时间、精力，所以人工智能应该在早期诊断、疾病预防等阶段发挥其价值。

在心血管科、骨科、普外科、眼科、肿瘤、皮肤科等科室及肺部、脑部、肝脏等脏器领域都有许多疑难杂症，诊断、治疗这些疑难杂症，在不同级别医院、医生间存在很大差别。普通医生不能像大专家一样作出准确的诊断。利用人工智能技术，可以与这些领域内最权威的专家一起合作，开发诊断和治疗这些病种的人工智能医疗产品。这样，普通医院的普通医生也能像大专家一样作出准确的诊断、进行有针对性的治疗，减少疾病的漏诊率和错诊率。

一个医生临床能力提高的过程取决于接触到的病例数量和正确诊断、合理治疗的反馈，在传统的医疗模式中，通常无法做到这一点。人工智能医疗的出现和应用，解决了医生学习渠道的问题，让普通医生的诊断正确率更快地接近专家。

在医疗领域，我们不甚了解的疾病多得不胜枚举，对于这些疾病，现代医学界只能使用一些粗糙、模糊的治疗方法。一些疾病因具有独有的特征而容易诊断，但有些复杂的统合疾病，其中包括数十甚至数百种不同的疾病，其症状也紧密相关。人工智能是少数几种能够为此类患者提供更精确诊断的工具，人工智能医疗能显现其独特作用。

医疗人工智能可以改变医生的教育模式。医学是一门经验学科，上级医生的指导会帮助下级医生持续提高，但在传统的医学教育领域却很难做到。一个基层病理医生日常工作中几乎无法得到专业病理医生的全程指导，医疗人工智能的出现可以解决这个问题。

自然，人工智能医疗不能替代医生，只是把放射科、眼科医生、心血管科的专家们从大量重复性、基础性的工作中解放出来，让他们去做具有更高附加值、更体现其学术专长的工作。对于一般医院的基层医生，有了人工智能医疗，如同拥有一位专家导师陪伴在身边，无须苦恼于缺少临床指导，从而提高诊断效率和质量。

随着人工智能技术的发展，人工智能也越来越多地介入到医疗领域。近期，国内多个人工智能领域的创新企业展示了各自在人工智能医疗上的研发成果，其中不乏已经在国内外多家知名医院落地的应用。

人工智能技术在医疗领域应用，是医疗领域的突破性进展。医疗人工智能可以提升外科手术精准度，可以支持药物研发，提升制药效率，还可提供疾病风险预警和健康顾问服务。人工智能在医疗领域的应用不仅分担了医生和其他从业人员的负担，更是在不同程度上缩短了诊断时间，减轻了患者痛苦，而且还能够间接地缓解很多问题，如医患关系、就诊费用过高等，还可以助力分级诊疗，实现"大病大院治、小病小院治"，使患者不必为了看一个感冒就跑到大医院去，让一些真正的重病患者及时得到治疗。

从整体来看，人工智能技术对于提升多种疾病的筛查和诊断效率作用最为明显，人工智能针对一些疾病的诊断效果已经达到甚至超越了传统的人工治疗方案。这也在一定程度上缓解了医生不足的问题，弥补医疗资源供需缺口。

3. 医疗机器人问世

上海长海医院的一间手术室里，达·芬奇手术机器人正在进行微创手术。它是一种新型的智能微创手术系统，可以用于前列腺癌、肾癌、胰腺癌等多种疾病的治疗。

利用达·芬奇手术机器人治疗疾病有以下优点：一是手术机器人拥有三维的"眼睛"，突破了人眼的局限，并且可以使手术目标放大 15 倍，从而保证手术的精细、准确。二是这款手术机器人有灵巧的"手"，它具有人手无法比拟的稳定性、重现性及精确度，因而可以完成精确复杂的各类高难度手术。三是其可进行微创手术，无须开腹，创伤小、出血少、损伤轻、减少术后疼痛、缩短住院时间、有利于术后恢复。

医疗机器人已经来到了世界，现阶段，医疗机器人的运用领域大致将有以下几类：

（1）外科手术机器人，可用于手术影像导引和微创手术，多数由外科医生控制。医生掌握输入设备，机器人按指令在患者身上操作。

（2）康复机器人，包括外骨骼康复机器人和陪伴机器人，用于辅助和治疗老年、永久或临时的残疾患者以及行动不便的人群。用户通过视觉反馈和各种输入设备控制机器人，从而执行简单的任务，例如将食物放在口中，或翻书，或站立和行走等。

（3）医用服务机器人，常见形式是在医院的运输类移动机器人，用于取药或分配药物。还有消毒和杀菌机器人等，可以解决医院工作人员供不应求的问题，分担一些沉重而烦琐的医护工作。

（4）制药机器人，用于进行药物重复性的实验，比如艾滋病毒检测，可以节省时间，为其他目的实验腾出人力。制药机器人能普及的原因是它能够以高速、可靠和无疲劳的方式执行重复任务。

现在世界上医疗机器人发展最快的国家是美国。在手术机器人领域，美国以达·芬奇手术系统为代表，在行业占据绝对的优势地位。德国、日本也重视医疗机器人的发展，德国企业在制药机器人和外骨骼机器人领域占据一定的优势；日本公司在外骨骼机器人和远程医疗机器人行业中起到引领作用。

医疗机器人不同于医疗器械。医疗机器人具有医用性、临床适应性以及良好的交互性。它能够辅助医生、扩展医生的能力，智能水平也会不断增长。

医疗机器人之所以能在医疗行业中出现和应用，其原因是医疗机器人比最专业和最勤奋的医疗工作者都有更多优势，主要包括速度、准确性、可重复性、可靠性和成本效益。一个机器人不管用多久，都不会疲劳，它在第一百次使用时的准确性，也与第一次使用时一样。这是医生做不到的。

医疗机器人是在最近几十年才出现，并开始被使用的。根据波士顿咨询公司的预计，现在每年医疗机器人的营收是 40 亿美元，2020 年将达到 114 亿美元。有专家预测，医用机器人将会成为未来商业机器人的主要品种，会取代军用机器人，成为第二大机器人市场。

微博士

达·芬奇手术机器人

达·芬奇手术机器人是美国麻省理工学院研发的一种高级机器人平台。它是通过使用微创的方法实施复杂的外科手术。达·芬奇机器人由外科医生控制台、床旁机械臂系统、成像系统组成。达·芬奇手术机器人应用于成人和儿童的普通外科、胸外科、泌尿外科、妇产科、头颈外科以及心脏手术。

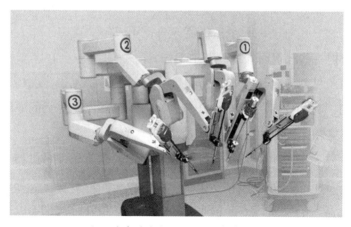

达·芬奇手术机器人的机械臂系统

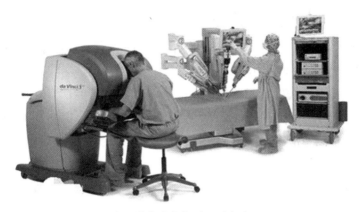

达·芬奇手术机器人的组成

四、智能时代的智慧教育

"知者乐水，仁者乐山"说的是人的智慧。这恰好证明智慧具有流变、灵动的特性，像流水，像灵山。

什么是智慧？

智慧是生物所具有的基于神经器官的一种高级的综合能力。《家庭百科报》的专栏《慧人慧语》上说："智"，由"日""知"组成，意思是，每日求知为智；"慧"，由"丰""心"组合，意思是，心灵丰满为慧。

古人对智慧的解释更是五花八门。墨子把智慧视为人的聪明才智；佛教把智慧看作超越世俗认识，达到把握真理的能力；张子往则在《智慧说》中认为，智者明法，慧者通道，智慧，道法也。

至今，我们对智慧未有统一的定义和认识，所以，在智能时代如何进行智慧教育还有许多不确定性和想象空间。

1. 智慧教育与智慧课堂

古今中外，学校是知识教育的场所，教育是以知识为工具教会他人思考的过程，思考如何利用自身所拥有的知识、技艺，创造更多的社会财富，实现自我价值。

其实，儿童进入幼儿园开始，老师就重视对低幼儿童进行认知教育，小学、中学、大学都在对学生进行知识教育，向学生灌输各种各样的知识。只是在不同阶段进行知识教育的内容和方式是不同的。学校是知识课堂。

学校在进行知识教育的同时，也应引入智慧教育。教育家陶行知先生就极力推崇智慧教育，并指出："智慧是生成的，知识是学来的。"

在人工智能时代出现了智慧课堂，它是传授智慧的课堂，是一种在新的教育理念指引下出现的新的教育方法、新的教学模式。新的教育理念认为，课堂教学不是简单的知识学习的过程，它是师生共同经历的教学历程，是不可重复的激情与智慧综合生成的过程。

传授智慧的智慧课堂是为应对前所未有的复杂教育环境而出现的。新一轮基础教育课程和专业教育课程的改革在不断深化，课堂教学所呈现出前所未有的艰巨性、复杂性，在这样的教育环境下，智慧课堂出现了。

智慧课堂不只要进行知识教育，还要进行智慧教育。它要超越知识教育，从知识走向智慧，从培养"知识人"转为培养"智慧者"，对课堂教育产生巨大而深刻的变化。

智慧课堂教育目标是追求学生的人格成长完善，促进学生的智慧发展，提高学生的综合素质。用教育哲学指导和提升教育改革，引领教师和学生爱智慧、追求智慧。从"教"这方面来说，智慧课堂把智慧引入课堂，让智慧引领教师专业地成长，使课堂教学焕发生机与活力，引领教师进行课堂教学改革，超越知识教育，从知识走向智慧。从"学"这方面说，智慧课堂注重让学生"感受过程，习得规律，发展智慧"。

对于智慧课堂的理解和把握，最根本的就是要抓住"智慧"和"课堂"两个方面：一是要抓住课堂这个出发点和落脚点，任何教育内容选择和环节设计都必须充分考虑到课堂这一载体的可能性、现实性和需要性；二是在此基础上，要充分发挥教师的教育智慧，在教与学的互动过程中通过创新方法来展示智慧教育。

出现于人工智能时代的智慧课堂，就要在"生成智慧，学来知识"上做文章、下功夫。人工智能时代的智慧课堂追求的智慧教育让知识、能力与美德综合于一体，让教师和学生像沐浴阳光一样沐浴智慧、让智慧成为一种整体品质、让智慧在情境中诞生和表现，以美德和创造为方向、以能力为核心、以敏感和顿悟为特征、以机智为主要表现形式，使科学素养与人文素养的结合赋予它底蕴和张力。这样，智慧虚实结合、虚中有实、实中有虚，创造着教育教学动人的诗篇。

微博士

智慧教育

智慧教育指在教育领域，包括教育管理、教育教学和教育科研等，运用现代信息技术和人工智能技术来促进教育改革与发展的过程。智慧教育的特点是数字化、网络化、智能化和多媒体化，基本特征是开放、共享、交互、协作。以教育信息化、智能化来促进教育现代化，实现传统模式发展变革。

2. 智慧教育应用平台

智慧教育应用平台集教育资源公共服务平台、教育管理公共服务平台于一体，为教育管理者、教师、学生的教育教学和学习提供了空间和资源支持。教育平台应横向贯通教学、教研、管理、学习多个环节，纵向覆盖市、区县、学校三级应用，满足区域常态化的教育活动及管理要求，并实现与整体基础教育资源应用平台的互联互通。教育平台应将线下教育教学与线上的教育教学有机融合起来，形成教育的O2O新模式。

智慧教育应用平台是"大数据"应用带来的产业智慧化变革。它的出现不仅改变了传统教育产业的形态，在教育领域实现"大数据"技术并实现资源共享的同时，还推进了教育资源的均衡。

老师可以录制一段短视频，发布到智慧教育平台上，供学生点播。学生如果没有听明白，可以回家利用电脑学习，可以看一遍，也可以看很多次，直到这个知识点学会为止。

智慧教育应用平台可以推出各种各样适合网络在线学习的微课程，可以覆盖从学前到高中的全部学段。网络公司可以通过向学校售卖教学设备的硬件来盈利。但是，带来的问题是每个学校都需要重复建设机房、重新搭建平台、购买重复的资源和应用，所以，区域化资源共享是智慧教育应用平台推广应用必须解决的问题。

一个完整的智慧教育应用平台具有如下功能：一是学生的个人学习功能，包括学习资源共享、个人学习记录、教学录像、观看其他学习者的作业等；二是协作学习功能，包括在线教师辅导、作业讨论区、实时讨论区、在线作业提交等；三是网络课程评价功能，包括在线测试、同级评审等。

智慧教育平台的推广使用，可以使城乡学校在同一个平台进行资源的共建和共享，有效缩小了数字鸿沟，促进了教育公平。智慧教育应用转变了教师的教学方式、教研方式和管理方式，提升日常工作效能，提升教育质量。

微博士

智慧教育云

智慧教育云是基于对"大数据"应用的智慧教育应用平台，有资源云平台、服务云平台、管理云平台等多种形式，可以方便学校管理，是校园与家庭间的沟通渠道，让家长更方便地了解孩子的在校情况。

网络在线学习的微课程

3. E-Learning 课件

E-Learning 课件是指为达成特定的学习目标，在一定的学习理论指导下，按照标准编写加工，能在学习管理系统上运行的教育应用软件。

通常，E-Learning 课件是以多媒体，包括动画、图片、声音、视频等形式来反映的某种教学计划和教学内容。学员可以借助学习管理系统进行学习，学员的学习情况和学习成果能够被学习管理系统所记录和监控，便于企业组织实施培训以及检验培训效果。

常见的 E-Learning 课件形式有以下几种：

一是 PPT 课件。PPT 课件是最常用的课件形式，制作简单，使用方便，功能强大。

PPT 课件虽然可以方便地发布成为网页文件，但是它更适合于现场教育，进行现场讲演，不适合网络教育。

二是三分屏课件。所谓三分屏，是指把屏幕分成三个区域，一个区域显示音频或视频，一个区域显示标题或索引，一个区域显示内容。三分屏制作是目前网上最流行的 E-Learning 形式，其特点是传输快、功能强大、结构体系完整，便于远程教学。

三分屏课件都需要有专业的公司和专业的人员进行制作，目前国内很多公司都有三分屏课件的制作软件出售。微软公司曾推出免费三分屏制作工具，只要会做 PPT 文件，就可以运用制作工具容易地制作出标准的三分屏课件，并在网上发布。

三是 Flash 课件。这是一种最"华丽"的 E-Learning 课件。Flash 课件有很多优势，但是它的制作过程复杂，制作成本高。

对于网上教育来说，屏幕记录课件也是必不可少的。如果需要生成易于网上发布的课件，可以在网上搜索一下录屏软件，选择合适的录屏软件，可以直接生成 Flash 课件。

基于网页的课件由于具有实时性、传播性、交互性、多媒体特性和非线性等特征，可以方便地进行课程调度、记录、控制，并且形式多样，不拘一格，因此网络课件越来越为人们所青睐。不过这样的课件往往需要专业人员进行开发，并且开发费用也比较高。

微博士

E-Learning 课件

E-Learning 课件是指为达成特定的学习目标，在一定的学习理论指导下，按照标准编写加工，能在学习管理系统上运行的教育应用软件。通常，E-Learning 课件以多媒体，包括动画、图片、声音、视频等形式来反映某种教学计划和教学内容，学员可以借助学习管理系统加以学习，学员的学习情况和学习成果能够被学习管理系统所记录和监控，便于企业组织实施培训并检验培训效果。

五、智能家居提升了生活品质

智能家居系统安装在商务楼，就出现了智能商务楼；安装在住宅，就出现了智能住宅。智能家居将陪伴人工智能时代的人们，保证人们家居的安全性、便利性、舒适性和艺术性，带来生活品质的提升，并实现环保节能。

1. 智能家居的出现

智能家居出现于 20 世纪 80 年代初，随着大量采用电子技术的家用电器面市，出现了住宅电子化。家庭中出现了各种各样的家用电器，给人们带来生活的便利。

20 世纪 80 年代中期，有人将家用电器、通信设备与安保防灾设备各自独立的功能综合为一体后，形成了住宅自动化概念。80 年代末，由于通信与信息技术的发展，出现了对住宅中各种通信、家电、安保设备通过总线技术进行监视、控制与管理的商用系统，智能家居的原型就这样首先在美国出现了。

在人工智能时代，家庭中的家用电器品种、数量增多，每个家庭中都存在各种电器，不管是号称智能的冰箱、空调，还是传统的电灯、电视，一直以来由于标准不一，都是独立工作的。从系统的角度来看，他们都是零碎的、混乱的、无序的，并不是一个有机的、可组织的整体。作为家庭的主人所面对的这些杂乱无章的电器，其消耗的时间成本、管理成本、控制成本通常都是很高的，并且是非必要的。这样，就提出了整合的要求，使它们实用、方便、有序地工作。智能家居就这样出现和推广了起来。

智能家居通常所指的都是智能家居这一住宅环境，既包括单个住宅中的智能家居，也包括小区中实施的基于智能小区平台的智能家居项目。在物联网出现后，智能家居通常是指物联网智能家居系统产品，是由智能家居厂商生产、满足物联网智能家居集成所需的主要功能的产品，这类产品应通过集成安装方式整合于住宅。

完整的智能家居系统产品包括了智能家居系统硬件产品、软件产品、集成与安装服务、售后在内的一个完整服务过程。

自从 1984 年世界第一个智能家居系统的问世，智能家居系统一直在更新、在发展。人工智能时代的智能家居在系统和功能上有了质的飞跃，在传统的智能模式上，更新了最新的无线射频技术，把传统的有线模式的烦琐线路变得轻松自如，做到了自动控制管理，不需要人为地去操作控制，并能学习当前用户的使用习惯，做到更好满足人们的需求。

在智能家居场景中，一方面将进一步推动家居生活产品的智能化，包括照明系统、影音系统、能源管理系统、安防系统等，实现家居产品从感知到认知、到决策的智能化；另一方面通过建立智能家居系统，搭载人工智能的多款产品都有望成为智能家居的核心，包括智能机器人、智能音箱、智能电视等产品。这样，智能家居系统将逐步实现自我学习与控制，从而提供针对不同用户的个性化服务。

人工智能技术的发展，可以提升智能家居硬件功能、软件及服务能力，人工智能与智能家居的融合，有利于形成适配下一代硬件的真正的智能化，深入场景体验的个性化计算、语音及视觉等人机交互技术有助于提升与智能家居产品的交互体验。

微博士

智能家居

智能家居，又称智能住宅、数码家居，它是一个以住宅为平台、安装有智能家居系统的居住环境，利用综合布线技术、网络通信技术、智能家居系统设计方案安全防范技术、自动控制技术、音视频技术，将家居生活有关的设施集成，提升家居安全性、便利性、舒适性、艺术性，并实现环保节能，满足人们的多种使用需求。

智能家居

2. 智能家居改变家居生活

现代社会中出现了一个特殊人群："宅男宅女"，特别是在大城市里。"宅男宅女"通常指那些长期足不出户、与人面对面交往较少、生活圈狭小的人群，他们没有工作、在家待业或居家就业。在未来的人工智能时代，"宅男宅女"不会消失，只会增多。由于他们有较多时间待在家里，他们对家居的舒适性、敏感度要求极高。

"宅男宅女"多半是单身，他们从繁忙的工作中解脱了出来，避开复杂的社交，回到家里还要面对亲自煮饭、做家务这些烦琐的事，这些烦琐的事给"单身宅"们带来了烦恼！但随着智能家居的出现和普及，就可以使"宅男宅女"不必烦恼了，智能家电产品可以使"宅男宅女"改变家居生活的环境和习惯。

智能家电产品种类繁多，有智能灯、智能摄像头、智能门锁、智能插座、智能咖啡机、智能空气净化器、智能窗帘等多个种类，照明、安防、电工和大小家电等日常生活涉及领域繁多。

智能门锁，刷脸就可开门；智能咖啡机煮出的咖啡会比手磨的更香醇；访客走到门口，智能摄像头会自动识别，确认是房间主人还是有预约的客人；主人到家，智能家居系统就会自动开门、开灯、开空调、开电视，甚至智能泡茶机都会倒出热腾腾的新茶；主人离家，智能窗帘会自动拉上，家中大小智能家电自动关闭，扫地机器人慢悠悠地打扫卫生；要是有不法之徒在门口鬼鬼祟

186

祟，或强行入侵，智能家居系统又会自动转为警戒模式，轻则向主人发送提示信息，重则直接报警；主人出门在外时，通过智能家居系统可以随时控制家中的摄像头来查看宠物的状态，煤气有没有关，以及家中是否有异常情况。

智能家居系统凭借语音控制、智能场景、自动化这三大特点，将科幻电影的场景在实际生活中展现。智能家居能够时刻感知你的存在，并根据你的行为，调整灯光、插座等设备。启动"回家模式"会自动开启灯光、窗帘，打开空调并调节到合适温度，甚至电饭煲开始工作；选择"离家模式"各种电子设备会自动关闭，不必再担心家里电器的使用安全。不论在家里的哪个房间，用一个遥控器便可控制家中所有的照明、窗帘、空调、音响等电器工作状态。

智能家电和智能家居系统使人们的生活更美好，晚餐时通过对灯光的明暗调节来改善室内的光线，营造出一种在餐厅吃饭的浪漫氛围；看电影大片时，可以使用氛围灯光，在家中也能感受在影院看大片的愉悦刺激。随着智能家居的普及，使人们不必为一些生活琐事而烦恼，改变了居家生活方式。智能家居为生活在人工智能时代的人们提供更多选择、更多途径，使家居拥有"超越时空"的延伸能力。随着人工智能技术的进步，智能家居系统性能的提高，可以使居室有着可以无限拓展的精彩空间。

3."智能家居"的发展趋势

"智能家居"从产品形态来看，它已经历了三个阶段。第一阶段是单品智能化，最先出现在小型家电产品，如插座、音响、电灯、摄像头等，后出现于大型家电产品，如电视、冰箱、洗衣机、空调等。第二阶段是单品之间联动，先是不同品类产品在数据上进行互通，后续不同品牌、不同品类的产品之间会在数据上做更多的融合和交互。第三阶段是系统实现智能化，不同产品之间不仅可以进行数据互通，并且可将其转化为主动的行为，不需要用户再去人为干涉，如智能床发现主人太热出汗了，空调就启动了。系统化实现智能是建立在具备完善智能化单品以及智能产品可以实现跨品牌、跨品类互动前提下的，这需要智能家居中的所有产品运营在统一的平台之上，遵循统一的标准。

"智能家居"从控制器形态来看，它已经历了几个阶段。除了手机控制，已经出现了触控、语音、手势等多种控制方式。感应式控制，这是理想化的控制方式，能够感应用户的状态，进而对设备进行调整。系统自学习，变被动为主动，这需要大量传感器的介入，如温度传感器、亮度传感器、距离传感器、心率传感器等等，未来的智能家居可以说就是传感器组成的。在智能家居实现了主动自动化之后，才能真的给人带来智能的感觉。

随着物联网技术、人工智能技术的发展，"智能家居"的发展进入了快车道，它必然是未来人工智能时代家居主流趋势，不仅市场规模大，服务内容多，还向着更好的智能化、更高体验的人机交互方向发展。

首先，智能家居市场规模扩大。市场规模大小是由用户需求决定的。随着人们生活水平的提高，产生了对于高品质智能家电和智能家居系统的市场需求。世界上经济发达国家如此，中国也如此。拿中国的智能家居市场来说，2016 年，中国智能家居市场规模达到 1 140 亿元人民币；2017 年第二季度的智能家居活跃用户规模达到 4 600 万。随着中国"90 后"婚育潮的到来，对高品质智能家电和智能家居系统的市场需求将会大大提升，智能家居将成为中国家居市场的主流发展趋势。有研究统计表明，至 2020 年，涵盖建材、新能源、家电产品的中国智能家居市场容量将破万亿元人民币。中国智能家居生产商由最初的几家公司增加到如今的百余家企业，其行业发展之迅速是目前国内其他任何行业所无法比拟的。

其次，"智能家居"提升了家居产品交互体验。随着语音交互的核心环节取得重大突破，从远场识别，到语音分析和语义理解技术都日趋成熟，多轮对话的实现等都有利于语音交互取代传统的触屏交互方式，整体的语音交互方案已被应用到智能家居领域中。传统的鼠标操作、触屏操作逐渐向语音交互这种更为自然的交互方式演进，以语音作为入口的物联网时代将会产生新的商业模式。而且，通过计算机视觉分析视频内容，将使与内容相关的计算机视觉、手势识别等交互方式成为语音交互的辅助手段。例如，智能电视除语音交互之外，通过计算机视觉分析视频内容，可进行下一步操作，包括短视频剪辑、边看边买等；再如，在智能冰箱中，通过计算机视觉实现对冰箱内食品的分析，可启用衍生出的用户健康管理或线上购物等功能；等等。多种交互方式将统一在家居生活的场景中，从而提供更为自然的交互体验。

再次，"智能家居"实现内容和服务的拓展。"智能家居"实现内容会带来更好的智能化，智能家居产品正在由弱智能化向更高一级智能化发展。而更高一级智能化的技术应用、更复杂的用户结构和更广泛的用户覆盖等因素必将促使智能家居产品趋于简单实用。智能家居产品的受众也将从尝鲜者转向更为普通的用户，甚至包括老人和孩子。智能音箱、智能电视、管家型机器人将抢占智能家居的控制中心，智能家居趋于系统化搭载人工智能的多款产品都有望成为智能家居的核心，提供儿童教育、老人陪伴、生活助理、健康监测等服务，智能家居系统将逐步实现家居自我学习与控制，从而提供针对不同用户的个性化服务。另一方面伴随着智能家居平台的发展，智能家居有望实现多种家居产品的联动，用户可以自定义多个使用场景，实现定制化、个性化。未来家居生活场景中，将出现千人千面、适应不同家庭成员的个性化服务。

从广义的建筑来看，智能家居设备主要应用在智能建筑之中。我国智能建筑起步于1990年，智能建筑行业发展潜力极大，被认为是我国经济发展中一个非常重要的产业，其产业带动作用更是不容小觑。预计未来我国智能建筑在新建建筑中的比例仍将保持每年3个百分点左右的提升速度，到2021年，我国智能建筑在新建建筑中的比例有望达到57%左右。这预示我国智能家居有着极其广阔的发展前景。

微博士

智能建筑

智能建筑是指通过将建筑物的结构、设备、服务和管理根据用户的需求进行最优化的组合，它是集现代科学技术于大成的产物，其技术基础主要由

2018年人工智能家居高峰论坛现场

现代建筑技术、现代电脑技术、现代通信技术和现代控制技术所组成，采用现代计算机、信息通信和系统集成技术建立的家庭信息化平台。它通过家庭网络将与家居设备和系统互联并统一管理，以提供一个舒适、便利、安全、节能和环保的家居生活环境。

六、延伸人智能的穿戴设备

一位花季少女在上海的标志性文化景观东方明珠广播电视塔前，摆下一个又一个姿势，是留影拍照的姿势。

周围没有照相机的镜头对着她，也没有能拍照的智能手机对着她。这位花季少女在对谁摆下这些姿势呢？

就在这位花季少女不远处，一位戴着眼镜的英俊少年凝视着她，那么专注！

哇，那英俊少年戴的是智能眼镜，是智能眼镜在帮少女拍照。这样的情景，今日新奇，在明日的人工智能时代，人们则会习以为常。

1. 智能眼镜的秘密

智能眼镜是一种智能穿戴设备，它本质上属于微型投影仪、摄像头、传感器、存储传输与操控设备的结合体。也就是说，它可以将眼镜、智能手机、摄像机集于一身，通过电脑化的镜片将信息以智能手机的格式实时展现在用户眼前。它看起来就像是一个可佩戴式的智能手机，可以帮助人们拍照、录像、打电话，省去了从口袋中掏出手机的麻烦。

智能眼镜的原理是通过眼镜中的微型投影仪先将光投到一块反射屏上，而后通过一块凸透镜折射到人的眼球，实现所谓的"一级放大"，在人眼前形成一个足够大的虚拟屏幕，可以显示简单的文本信息和各种数据。

由于智能眼镜是将显示器、摄像头和联网设备整合到眼镜上，可以戴在眼睛上，可以延伸眼睛的功能。该种智能穿戴设备具有以下几种核心功能：带有语音拍照功能，可以随看随拍，把眼睛看到的拍摄下来，任何时间和地点都可以方便拍摄照片和视频，更具隐秘性；具有语音通话功能，可以随时保持联网，不受制于手机需要低头才能操作，为很多场合如开车，运动中能进行语音通话；具有动态视野分析功能，可以进行地图导航，在看到一个未知物品或是陌生人时，同步搜索出相关信息。

最早出现、也是最为著名的智能眼镜是谷歌眼镜，由谷歌公司于 2012 年 4 月发布。它是一款"拓展现实"的智能眼镜，它是微型投影仪、摄像头、传感器、存储传输、操控设备的结合体。右眼的小镜片上包括一个微型投影仪和一个摄像头，投影仪用以显示数据，摄像头用来拍摄视频与图像，存储传输模块用于存储与输出数据，而操控设备可通过语音、触控和自动三种模式控制。

谷歌眼镜具有和智能手机一样的功能，可以通过声音控制拍照、视频通话和辨明方向，可以进行上网冲浪、网页浏览、处理文字信息和收发电子邮件，它是现代人的生活助手。

微软也在开发智能眼镜这种可佩戴的增强现实设备。微软智能眼镜设备看上去更像一款普通的眼镜，它能在你观看球赛、演出等文体活动时，即时呈现各种各样的现场信息。这些信息可以是图文，也可以是音频。戴上微软智能眼镜，可以一边看比赛、看演出，一边查看你所关心的相关信息。而且，它展现的应用场景指向性更强，只要在需要的时候戴上即可。

日本索尼公司在 2014 年 3 月，展示了该公司研发的一款智能眼镜的原型产品。它集成了嵌入的摄像头、麦克风以及与智能手机类似的传感器，看上去更像是普通眼镜，在透明镜片上以绿色显示信息。它能在用户眼前实时显示信息，还能收发短信，以及获取未接来电的提示等。

在第二十七届北京国际眼镜展览会上，成立于 2013 年的北京五品文化有限公司召开了五品"智能眼镜 1.0"产品说明会。这是五品"智能眼镜 1.0"的首次亮相，外观时尚，镜架采用进口材料，戴上轻巧舒适，可配光学镜片，镜架中植入智能芯片，配合手机客户端，可实现语音遥控拍照、接打电话、坐姿提醒和防盗等功能，可实现立体无干扰通话、听音乐。

微博士

智能眼镜

智能眼镜，也称智能镜，是指像智能手机那样眼镜的总称。它具有独立的操作系统，可以由用户安装软件、游戏等软件服务商提供的程序，可通过语音或动作操控完成添加日程、地图导航、与好友互动、拍摄照片和视频、与朋友展开视频通话等功能，并可以通过移动通信网络来实现无线网络接入。

谷歌眼镜

2. 智能手表派什么用场

手表，又称腕表，是指戴在手腕上、用以计时和显示时间的随身用具。

智能手表是计时和显示时间的用具吗？

智能手表有传统手表具有的计时和显示时间的功能，还由于它内置智能化系统，搭载智能手机系统并连接网络，所以它还具有部分智能手机的功能及健康状况监测的功能。

智能手表是在电子手表基础上发展起来的。随着移动技术的发展，电子手表这种传统的电子产品也开始增加移动方面的功能，通过搭载智能手机系统，并与互联网相连，显示来电信息、新闻，查看天气状况和污染指数，还可上网，实时收发短信、邮件。由于早期的智能手表是在 2013 年发布的，所以，美国市场研究公司分析师认为 2013 年是智能手表的元年。

目前市场上智能手表的种类很多，大致分为两种：一类是不带通话功能的智能手表，依托连接智能手机而实现多功能，能同步操作手机中的电话、短信、邮件、照片、音乐等；另一类是带通话功能的智能手表，支持插入 SIM 卡，实际是手表形态的智能手机。

按照使用者不同，智能手表的功能和用途也不一样，智能手表可分为三种：一是成人智能手表，它具有打电话、收发短信、监测睡眠、监测心率、久坐提醒、跑步记步、远程拍照、音乐播放、录像、指南针等功能，这是专门为时尚潮流人士设计的。二是老年智能手表，它具有打电话、超精准GPS定位、紧急呼救、心率监测、吃药提醒等多项专为老年人定制的功能，老人戴上这只手表，可以确保安全出行。三是儿童定位智能手表，它具有多重定位、双向通话、呼救、远程监听、智能防丢等多功能，给孩子提供一个健康安全的成长环境。

微博士

智能手表

智能手表是指内置智能化系统、搭载智能手机系统而连接于网络以实现多功能的随身用具。智能手表除了有传统的手表功能外，可以独立上网，实时收发短信、邮件，发微博，聊QQ，看新闻，并可以及时查看手机来电；有部分智能手表内置计步器功能，可以实时监测运动状态和身体状态；有部分智能手表可以实时查询天气和环境数据，如空气质量、温度、湿度、噪声等参数。

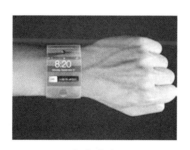

智能手表

3. 形形色色的智能穿戴设备

智能穿戴设备是人的智能延伸，通过这些设备，人们可以更好地感知外部与自身的信息，并能在计算机、网络甚至其他人的辅助下更为高效率地处理信息，能够实现更为无缝的交流。

智能穿戴设备应用领域可以分为以下两大类：自我量化领域与体外进化

领域。

在自我量化领域，又细分为运动健身户外领域和医疗保健领域。运动健身户外领域的穿戴式智能设备是以轻量化的手表、手环、配饰为主要形式，实现运动或户外数据，如心率、步频、气压、潜水深度、海拔等指标的监测、分析与服务。医疗保健领域的穿戴式智能设备，以专业化方案提供血压、心率等医疗体征的检测与处理，形式较为多样，包括医疗背心、腰带、植入式芯片等。

在体外进化领域的穿戴式智能设备能够协助用户实现信息感知与处理能力的提升，其应用领域极为广阔，从休闲娱乐、信息交流到行业应用，用户均能通过拥有多样化的传感、处理、连接、显示功能的可穿戴式设备来实现自身技能的增强或创新。这些穿戴式智能设备不用依赖于智能手机或其他外部设备即可实现与用户的交互。

智能穿戴设备品种多，多以通过低功耗蓝牙、WiFi等短距离通信技术连接智能手机等终端便携式配件形式存在，主流的产品形态包括以手腕为支撑的智能手表、腕带、手环等产品，以头部为支撑的智能眼镜、头盔、头带等产品以及智能服装、配饰等各类非主流产品形态。代表产品除了智能手表、智能眼镜外，还有以下几种富有情趣和创意的穿戴式智能设备：

（1）智能头箍。它是一个安全可靠、佩戴简易方便的头戴式脑电波传感器。它可以通过蓝牙、无线连接手机、平板电脑、手提电脑、台式电脑或智能电视等终端设备，配合相应的应用软件就可以实现互动操控。

（2）鼓点T恤。衣服上内置了鼓点控制器，用户通过敲击，就可发出不同的鼓点声音，还可以搭配一条可以配置迷你扩音器的裤子，让自己随时随地都能够演奏音乐，使自己随时随地都能成为众人关注的焦点。

（3）太阳能比基尼。它可以通过装配的光伏薄膜带，吸收太阳光并将能量转化为电能，然后为自己的智能手机或者其他小型数码产品进行充电。它是一件真实的泳衣，可以穿着后在水中游泳，待上岸后将泳衣晒干后便能充电。

（4）社交牛仔裤。通过蓝牙技术将牛仔裤跟智能手机进行连接，只需要点击前面口袋的小装置就可以进行即时通信，方便用户更新社交平台的信息。另外，它还可以实时记录情绪变化，追踪、分享个人的幸福感。

（5）卫星导航鞋。这是英国设计师发明的一种带有GPS功能的皮鞋，鞋的脚后跟设置有一个非常先进的无线全球定位系统，设定目的地后，装在鞋子前段的LED灯会亮起来，一只鞋是表示距离目的地的远近，而另一只鞋为用户指明方向。谷歌推出了一款智能鞋，内部装配了加速器、陀螺仪等装置，通过蓝牙技术与智能手机进行连接，从而可以监测到用户的使用情况。另外，鞋子还配有一个扬声器，将传感器收到的鞋子信息以语音播放出来。

（6）手套式手机。它可以像手套一样戴在手上，将手摆成"六"的造型，拇指当作听筒，小指当作话筒，即可实现通话。在手套手机的背部则拥有SIM卡插槽，并且拥有USB接口。

目前相对活跃的穿戴设备在形式上主要集中于腕带、手表，在功能上集中于运动、手机辅助，对普通大众吸引力不大。但穿戴设备很大可能会向生活辅助用品发展，比如健康医疗产品和儿童用品。随着传感器的成熟，越来越多的人会享受到智能穿戴的魅力。一旦穿戴设备进入成熟期，可以预见那时人们的生活智能化将远超当今。

微博士

智能穿戴设备

智能穿戴设备是应用穿戴式技术对日常穿戴进行智能化设计、开发出可以穿戴的设备的总称。穿戴式智能设备经过多年的发展，有多种类型，如智能手表、智能手环、智能眼镜、智能服饰等。穿戴式智能设备的出现，意味着人的智能延伸。通过这些设备，人可以更好地感知外部与自身的信息，能够在计算机、网络甚至其他人的辅助下更为高效率的处理信息。

谷歌的智能鞋

鼓点 T 恤

手套式手机

七、令人忧心的人工智能武器

这是一个像往日一样的夜晚，城市上空静悄悄的，黑蒙蒙的夜幕罩不住大都市的万家灯火，地面街道两旁灯火闪耀，都市人全然不知道战祸马上要降临。

一架军用战机突然出现在城市上空，地面雷达站没有发现这架隐形战机，地面防空部队还没有来得及作出反应，这架隐形战机打开了机舱，一架架纳米无人机、一个个纳米机器人被释放出来，出现在城市上空……

这是军事专家们幻想的纳米战争开场，纳米战争将如何进行？在目前，也无人知道它的结局。

人工智能时代只是一个技术层面上的社会形态，并不能保证天下太平。人类社会还存在着国家、阶级、利益集团之间的争端，而战争总是解决争端最差而最容易的选择，人工智能武器就这样出现了，令人忧心的人工智能武器竞赛正在进行中。

1. 纳米武器与纳米战争

纳米武器作为 21 世纪军事技术的先导，出现在军事领域。纳米技术在军事领域应用，继而出现了纳米武器。

纳米武器是在高科技时代出现的一种新型武器，它是利用纳米技术和纳米材料制造的武器系统，这是纳米技术在军事上应用的结果。我们通常所说的纳米武器是指用纳米级（0.1—100纳米）的材料设计、制造的武器系统。纳米武器与一般武器不同，它的尺寸很小很小，具有智能，这是纳米技术与人工智能技术融合的结果。从这个意义上说，纳米武器可以纳入人工智能武器的范围，纳米武器的应用领域很广。

纳米武器是超微型化武器系统的集成，它使目前车载、机载、舰载的电子作战系统可浓缩至单兵携带。所以，纳米武器的隐蔽性好、安全性高、战斗力更强。同时，纳米武器具备高智能化，它获取信息的速度更快，侦察监视精度大大提高。

纳米武器按照用途可以分为纳米信息系统和纳米攻击系统。

已研制出的纳米信息系统有：微型间谍飞行器，做得像一只蜜蜂般大小，用于战场侦察、情报收集；袖珍遥控飞机，是一种扑克牌大小的遥控飞行装置，机上装有超灵敏感应器，用于收集战场情报；"间谍草"，是一种分布式战场微型传感网络，外形看似小草，装有敏感的电子侦察仪、照相机和感应器，用于战场侦察；纳米卫星，利用微电子机械和纳米电子技术制造的微型卫星。此外，还有用纳米材料和纳米技术制成的敌我识别器、有毒化学战剂报警传感器等。

纳米攻击系统，是运用纳米技术制造的微型智能攻击武器，有所谓"微型战士"称号。这些微型战士按军兵种分类，有所谓的微型陆军、微型空军、微型海军、微型天军。每一军兵种又可以细分，如微型海军中有纳米鱼雷、纳米水雷、纳米导弹、纳米炸弹、纳米雷达、水下深潜探测器、无人水面侦察快艇、微型侦察潜艇等。

上述种种纳米武器组配起来，就可以建成一支独具一格的"纳米军队"。据美国五角大楼的武器专家预计，很快将有第一批由微型武器组成的"纳米军队"诞生并服役，可望大规模部署。这些纳米微型武器将使那些称雄一时令人生畏的重装武器系统被取代，或使它们会败在纳米微型武器手下，创造"小鱼吃大鱼""老鼠胜大象"的奇迹。

纳米武器从实验室走向战场绝非戏言，纳米武器已经诞生，已经走上战场，在现代战争中展现了它的威力。随着纳米技术的发展，纳米武器将引领一场真正意义的武器世界革命，并将同时推进作战理念、作战方法和作战样式的根本性变革。

　　现代战争范围已扩展至陆地、海洋、天空、太空、电子空间等已知领域，随着纳米技术扩展运用，纳米微型军团将充斥海陆空战场，并将向未知领域和微观世界拓展。未来战场，巨型武器系统和微型武器系统将同时存在、协同作战。大有大的作用，小有小的妙处，纳米武器作战手段更加机动灵活，使战场态势更加复杂多变，战斗格局更加诡谲多端，战争变得更加扑朔迷离。

微博士

纳米武器

　　纳米武器是超微型化武器系统的集成，使车载、机载的电子战系统浓缩至可单兵携带，隐蔽性更好，安全性更高。由于纳米武器实现了武器系统高智能化，使得武器装备控制系统信息获取速度大大加快、侦察监视精度大大提高。还由于纳米武器实现了武器系统集成化生产，使武器装备成本降低、可靠性提高，使武器装备研制、生产周期缩短。

　　纳米武器的出现和使用，将大大改变人们对战争力量对比的看法，使人们重新认识军事领域数量与质量的关系，产生全新的战争理念，使武器装备的研制与生产更加脱离数量规模的限制，进一步向智能化方向发展，从而改变未来战争的面貌和样式。

超微型化纳米武器

2. 战场上的智能军用机器人

人工智能武器中最引人注目的是智能军用机器人，它是高科技时代出现的一种新型武器，是人工智能技术与机器人技术融合的结果，已经在现代战场上得到应用。

军用机器人是机器人在军事领域的应用，它的出现历史不长，但也经过了三个不同的发展阶段，发展了三代军用机器人：

第一代军用机器人是一种用于军工厂的工业机器人，安置在生产流水线上，有固定程序，靠存储器控制，只能进行简单的"取放"劳动。它们代替工人，做些简单劳动。

第二代军用机器人出现在 20 世纪 60 年代中期，它们长了脑袋，有了一定智能，它们是以小型电子计算机为"大脑"，能自主地或在人的控制下从事稍微复杂一些的工作。在第二代军用机器人的队伍里出现了"航天机器人""海洋机器人""危险环境工作机器人""无人驾驶侦察机"等。第二代军用机器人最得意的成就是美国海军成功用军用机器人"科沃"打捞一枚失落的氢弹，轰动了世界，使得军用机器人为世人瞩目。

第三代军用机器人是智能军用机器人，诞生于 20 世纪 70 年代。它们跟第二代军用机器人不同，"大脑"发达了，有了人的智慧。它们的"大脑"之所以发达，是因为人工智能技术迅猛发展，使它们有了能高速运转的微电脑，因而有了智能。第三代智能军用机器人不仅"大脑"发达，还有了以各种传感器为代表的神经网络。这样，它们不仅四肢协调，"智商"大大提高，能从事较复杂的脑力劳动，能夜以继日地工作，而且个个"刀枪不入"。

2004 年 3 月，美国陆军将 18 个"剑"机器人士兵派到了伊拉克战场。"剑"机器人是地面智能军用机器人，它的全称为"特种武器观察遥控侦察直接行动系统"，高 0.9 米，最大速度 9 千米 / 小时，配备有制式 5.56 毫米机枪，命中精度极高。每个"剑"机器人还安装了 4 台摄像机以及夜视镜等设备，以确保其具有全天候的侦察与作战能力。它能轻易通过岩石堆和铁丝网，并能在雪地及河水中行走。"剑"机器人对清剿隐藏在房屋里的武装分子特别有效，可以大大降低部队在城市作战中的伤亡率。

这批"剑"机器人士兵是美国军队历史上第一批参加与敌方面对面实战

的机器人，也是世界上第一批真刀真枪参与陆上战斗的军用机器人。"剑"机器人上战场，开创了军用机器人直接参战的先例，对于陆战形式的变革和军用机器人的发展有着深刻的影响。

微博士

智能军用机器人分类

智能军用机器人的出现引起了世界各国军事家的重视，激发了世界各国开发的热情，出现了许多类型的智能军用机器人，主要分为四类：水下智能军用机器人、地面智能军用机器人、空中智能军用机器人和空间智能军用机器人。

"剑"机器人

3. 五花八门的人工智能武器

人工智能武器是具有指挥高效化、打击精确化、操作自动化、行为智能化等特点的战斗武器，它可以有意识地寻找、辨别需要打击的目标，具有辨别自然语言的能力，是一种"会思考"的武器系统。

人工智能技术的出现和发展，促成了人工智能武器的诞生和发展，出现了五花八门的人工智能武器，可以应用在各个军种，出现在海陆空各个战场上。

地面战场的人工智能武器众多，让人眼花缭乱，著名的有智能枪弹、窃听弹、电视侦察炮弹、视频成像侦察炮弹、窃听侦察炮弹、末敏弹、"蜘蛛"地雷、"大黄蜂"反坦克地雷、反直升机地雷等等。

海洋战场也是人工智能武器的角逐战场，随着人工智能技术的发展，出现了不少吸引眼球的新概念武器，著名的有无人水面艇、无人潜艇、半浮半潜型无人潜艇、自主攻击型无人潜艇、水下无人舰队、无人遥控潜水器、自导水雷、主动水雷、空投机动水雷、潜载无人机。

空中战场的人工智能武器五花八门，受人注目的有"全球鹰"无人机、"死神"无人侦察机、隐形无人机、"黑蜂"微型直升机、无线电制导炸弹、电视制导炸弹、激光制导炸弹、红外制导炸弹、卫星定位制导炸弹。

微博士

人工智能武器

人工智能武器，简称智能武器，指的是具有人工智能的武器，通常由信息采集与处理系统、知识库系统、辅助决策系统和任务执行系统等组成。人工智能武器能够自行完成侦察、搜索、瞄准、攻击目标和收集、整理、分析、综合情报等军事任务，直至摧毁敌方目标。

有人工智能的"蜘蛛"地雷

XFC 无人机在飞行

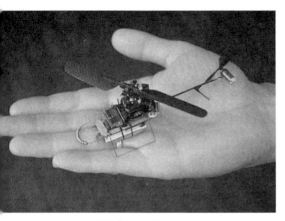

"黑蜂"微型无人机

"大黄蜂"反坦克地雷

俄制反直升机地雷

激光制导炸弹

4. 令人忧心的人工智能武器竞赛

2018 年 8 月，美国国防部提出建立"联合人工智能中心"，计划联合美军和 17 家情报机构共同推进人工智能项目，统筹规划建设以军事技术和军事应用为两大支撑的智能化军事体系，旨在抢占人工智能军事化应用先机，保持美国在该领域的技术优势。

作为世界军事革命领跑者的美军将发展人工智能置于维持其全球军事大国地位的科技战略核心，世界主要国家必然会效法美国，会纷纷向这一军事竞争新高地发起冲击，以免落后于人。一场人工智能军事化应用的竞赛会悄然展开。

现在，发展人工智能已成为许多国家的共识，并写入各国发展战略。俄罗斯总统普京曾指出："谁成为人工智能领域的领先者，谁将成为世界统治者。"这绝非危言耸听，人工智能军事化应用的作用非凡，他点出了人工智能技术将成为决定未来战争胜负的重要因素。

利用人工智能技术，可以极大地压缩军事指挥员的决策时间，实现多域联合作战指挥控制目标，进而取得未来战争的主导权和制胜权。人工智能技术与无人作战武器系统结合，可以极大地改变未来战争的作战样式，为某些大国推行军事霸权主义提供更多选择，进一步打破全球军事的战略平衡。

由于人工智能武器的安全性和可靠性不太确定，人们无法预测人工智能是否可以完美应用于军事用途，也无法预测发展人工智能武器、进行人工智能武器竞赛的最终结果。但是，可以确定的是人工智能武器的发展，将成为决定未来战争胜负的重要因素，人工智能武器竞赛的结果会改变世界的军事态势，在某种程度上会重塑未来全球军事。

现在世界上，许多国家的军事部门已经认识到并看到了人工智能技术在军事领域和未来战争中的巨大作用，都在花力气研制人工智能技术，发展人工智能武器。各国对人工智能技术的竞争将会极大地推动人工智能技术和军事技术的发展。可以预料，人工智能武器必将得到大发展，人工智能武器必将在军事领域得到应用和推广，并将引起武器世界和军事领域的根本性变革。

军事斗争从来都是最讲究智谋的领域，"战争是政治的继续"，成为保证军事决策的理性因素。而在智能化军事体系中，"战争是战争的继续"将成为人工智能军事化应用的自然结果。从这个意义上说，武器系统的智能化程度越高，后果越严重。

如今，人工智能军事化应用步伐和人工智能武器竞赛或许已难以阻止，但从人类自身的前途和命运出发，国际社会应该早日建立防止科技进步在军事上过度应用的机制。

在未来战场上，对于弱势一方而言，从太空到空中、到地面、到海洋，在层层严密高效的具有人工智能的侦察监视网下，几乎已无密可保。而强势一方却把对方的行动置于自己的眼皮底下，彻底"透明"。这将使得战争的过程和结局变得更加透明，谁也无法在高科技战争面前开玩笑。

八、明天你会失业吗

时尚杂志编辑大宋拿着一个黑色塑料大包走进了家门，儿子亮亮迎了上去："爸，这么大的包，装的什么呀？"说着，拿了过来，打开一看，全是图书、杂志、笔记本和办公用品。

"爸，你干吗把办公室里的东西拿回家？"

"亮亮，明天爸爸不上班了！"

"爸你身体不好吗？"亮亮诧异地问。

"不，杂志停刊了，爸没有地方上班了！"

这样的事，在人工智能时代不会是新闻，人工智能技术的广泛使用和智能机器人的大量使用，抢走了一部分人的工作岗位。下岗、失业，不可避免地出现了。

1. 机器人抢了谁的饭碗

人工智能技术的广泛使用和机器人的大量使用是人工智能时代的一个主要特征。计算机与机器相结合，计算机成了机器的大脑，诞生了有智慧的机器：机器人。随着计算机的不断进步、提高和人工智能技术的发展，机器人就不断成长、成熟，出现了各种各样的机器人。工厂车间流水作业线上是工业机器人，流通领域从事货物搬运工作的是搬运机器人，建筑工地上干活的是建筑机器人，农场里从事农业劳动的是农业机器人，医院手术里操刀的是手术机器人，病房里护理病人的是护理机器人，住家中从事家务劳动的是家务机器人，快递员、驾驶员、售货员也被机器人取代了。机器人取代了大部分简单劳动的工作岗位。

一些行业中，机器人取代了大部分人力劳动的原因是机器人不领工资，可以降低人力成本。随着机器人产业的发展和机器人广泛使用，机器人的售价降低到很便宜时，人们就愿意购买又能干又听话的机器人。

机器人就这样抢走了人们的饭碗！

那么，哪些人从事的工作可能被机器人所取代？

在大型制造业工厂中，在重体力劳动及对精准度要求较高的领域里，工业机器人容易取代人类。

那是因为在大型制造业中，工业机器人能够突破人类在体力和精力上的局限，实现生产效率的几何级提升。而且，人工智能技术更为精准。在需要大规模数据分析和精细作业的领域，机器完善了人类难以克服的生理和情感因素，可以得到人工无法达到的结果。

现在，那些曾经被诟病因生产流程单调枯燥而把工人变成"机器人"的产业已经真的开始使用机器人，在人工智能时代大型制造业工厂中，可能会出现机器人一统天下，因为机器人的效率和成本完胜人工。这些制造业工厂中工人下岗、失业的现象就这样发生了。

人工智能时代出现的下岗、失业的现象就像工厂改革时的纺织工人一样，大规模机器生产让他们失去了工作，甚至部分工人生计无着，这种情景发生在人工智能时代并非完全不存在。不过，不能说发生这种现象是人工智能技术的失败，而是生产组织方式无法顺应时代发展的失败。今日，当我们回首探望工业革命时，对于这些下岗、失业工人的同情集中在对资本主义原始财富积累的批判，而不是指责机器。同样，在人工智能时代，要注意研究的是如何顺应人工智能时代科技的发展，引导社会组织结构在新时代平稳过渡，使那些下岗、失业的人群找到新的工作和岗位。

微博士

工业机器人

工业机器人是指那些工业领域中自动执行工作的机器装置，它可以接受人类指挥，也可以按照预先编排的程序运行。它是靠自身动力和控制能力来进行工作、实现各种功能的。最先出现的工业机器人是多关节机械手或多自由度的机器人，现代的工业机器人采用了人工智能技术，可以称为智能机器人。

2. 即将消失的职业

在人工智能时代，智能机器人作为人类的工具和伙伴将会得到广泛使用，他们在人类生活中占据了十分重要的位置。在人工智能创造新的就业机会的同时，也让不少行业受到冲击，面临被取代的窘境。

未来十至二十年内，有哪些行业的工作人员可能会被人工智能取代？

世界经济论坛、《经济学人》、麦肯锡咨询管理公司、牛津大学还有世界各地的研究机构、媒体不断发表报告，预言大部分人类的工作会被人工智能取代，并预言，下列10种职业有可能会被人工智能取代而消失：

（1）装配车间工人下岗。随着工业机器人普及和成本的下降，装配车间的工作将不需要工人插手，一线工人短期内被挤占不可避免，一批生产工人将下岗成为共识。全球最大代工企业富士康百万"机器人大军"计划的公布，标志着装配车间工人下岗的开始。

（2）经纪人、中介商悄然隐退。互联网、信息高速公路的发达，必将"夺去"股票经纪人、汽车销售商、保险和房地产代理商等一群中介商的饭碗。因为他们不会比普通人知道得更多。越来越多的人选择在网上获得所需要的信息，只有极少一部分人还需要他们为自己服务。

（3）报纸、杂志、图书等纸媒衰落。随着多媒体、数字化出版物的出现，也随着纸张、人力成本的增加导致书刊售价的提高，购买书刊的读者越来越少，书刊销售量直线下降，互联网的出现让纸媒的生存空间不断被压缩。报纸关门、杂志停刊不可避免。现在还过得滋润的报纸杂志的记者和编辑未来或许也会遭遇失业的痛苦。

（4）卡车司机、交通警察越来越少。美国州与州之间将出现"激光制导"车道，计算机控制的无人货车能够满载货物高速行驶，卡车司机成了多余的职业。在中国大、中城市中，交通警察越来越少见，电子警察却防不胜防，它们会记录、处理交通违章。

（5）街头加油站被新能源充电站所代替。人工智能时代中，新能源汽车将会大面积推广，消耗矿物燃料的汽车无疑会被新能源汽车所代替。这样，街头加油站没有存在的必要。加油站的管理和工作人员自然会下岗，充电站会代替加油站。不过，充电站也会实现自动化，不需要人来服务。而且，连驾驶都已经实现无人化了，当然也不需要人来负责充电了。

（6）公务员不再热门。中国曾经发生的几十人、几百人竞争一个公务员岗位的现象将会一去不复返。政府机关的大批副职、首长秘书、行政助理成为首批精简对象，机器人将取代政府底层职能机构的公务员，职员公务员队伍将会进行大缩容。

（7）电话总机、接线员、话务员。作为声音的二传手，绝大部分工作基本可以由机器自动完成，是人工智能时代可能濒临消失的职业。

（8）银行职员、保险业务员、会计，随着金融业逐渐走向人工智能化，这些低效率的职业将被自动化取代。

（9）教师远程学习、网上课堂和电子评分正在流行开来，今天的教师办公室可能成为明天的虚拟问讯台。尽管彻底转变不大可能，但对教育体制、教育模式的改革势在必行。

（10）打字员、速记员。随着语音识别技术的普及，能够辨别声音的先进软件将代替他们的工作。

受到人工智能技术冲击的行业和岗位远不止上述10种，如今有些还光鲜的职业，如首席执行官、人力资源管理者也会由于人工智能技术的发展和智

机器人在和人类抢饭碗

能机器人出现而受到影响。对于那些属于进行大量重复性劳动，每天在狭小的工作空间上班、只须手熟无须用脑的职业和岗位，被机器人取代的可能性就非常大。

3. 机遇垂青有准备的头脑

人工智能技术在发展，机器不断取代人力，这样的趋势还会继续。但人类的需求是无限的，而且是不断扩大的。人类社会对劳动力的需求不会消失，只是劳动力的需求会随着科技发展转移到新的领域。所以，工作机会并不会消失，只是从一个地方转移到另外的地方。从长期来看，人们会有更多时间从事娱乐活动和创造性劳动。

实际上人工智能技术的发展和运用，不一定只是威胁人们的就业，还可能发挥一定的促进作用。随着人工智能技术产业水平的提高，将会需要越来越多的从业人员。毕竟，机器人真正全面取代人类的工作还需要很长时间。就我国来说，大多还是大型企业在尝试使用机器人进行生产工作，毕竟机器人的制造成本、部署成本、学习成本等都是机器人全面取代人类工作的门槛。

人类无法像计算机那样检索海量数据，也不能像工厂里的机械手臂那样强壮精准；但人类可以编写程序、制造机器人，也可以在机器的帮助下创造性地推动新的社会需求，延续艺术和哲学创作。当机器把人类从例行工作中解脱出来，人类就拥有更大的可能性向那些需要创造力、沟通能力的领域进军。

人工智能技术是人类发明的，机器人是人类的造物，它们不会是人类的"潘多拉魔盒"。即使在人工智能时代，那些具有创意、"富含思想"的职业也是难以被取代的。从这个意义上说，人工智能不仅没有取代人类的可能，反而是人类为自己开发的一种有趣的辅助工具，填补了人类的弱点，还放大了人类的创造性。

科技会推动社会经济模式的变革。面对"无形的手"的挑战，政府这只"有形的手"会发挥更大的作用，政府会采取多种措施应对结构性失业，如增加失业者的社会保障、向不掌握高科技的劳动力提供必要的技术训练和就业制造、调控宏观经济和产业布局等，政府通过这种方式转移过剩劳动力，使得人工智能时代得以实现生产关系的"软着陆"。

人工智能时代的企业和个人就要抓住这些机遇，有研究机构在媒体上发表报告，预言下列十种职业是人工智能无可代替的：

（1）尽管纸媒如报纸杂志的记者、编辑有下岗的可能，但总体来说，记者、编辑这种职业和岗位是人工智能无可代替的。因为信息虽然可以通过机器进行多渠道收集，机器也可以帮助传媒传播信息，并对这些数据的安全性、真实性、公正性把好关，但机器不能代替记者写文章。对于记者身在现场的临场感，面对信息增删和编辑的能力，坐在咖啡店、茶馆与受访者自由聊天的感觉，人工智能无法再现。纸媒体需要记者、编辑写文章并进行编校，新媒体也需要记者、编辑写文章并进行编校。

（2）根据麦肯锡咨询管理公司对800多个职业中的2000余份工作活动做了详细的分析，称他们审视了人类经济活动的所有领域，发现"自动化可能性最低的行业是教育领域"。因为有效的教育不仅仅是简单地将知识从教师传达给学生，还需要教师了解每个学生的特点，因材施教，要贴合每个学生的学习需要。这样，才能最大限度地发掘学生的学习潜力，完成教学任务，达到教育目的。

（3）尽管人工智能可以帮助医生对患者进行诊断和治疗、手术机器人可以进行外科手术，但是，医生这个职业不会消失。再说，医学仪器需要人工操作，以确保正常工作。研究表明，牙医和口腔外科医生能给予病人信心。

（4）随着我国国民经济的持续快速发展，城乡居民的膳食、营养状况有了明显改善，人们生活水平显著提高，为了适应社会健康的需求，出现了营养师的职业。我国在营养方面的专业人才相当匮乏，营养顾问产业也是一个具有生命力和发展潜力的朝阳产业，对营养师的社会需求也会相应增加。

（5）随着我国老龄化社会的到来，老龄人口迅速增长，"为老"社会服务的需求迅速膨胀。"为老"服务业发展严重滞后，难以满足庞大老年人群的需求。"为老"服务业将是朝阳产业，老年护理员对老人的生活服务和人的情感支持是机器人无法轻易复制的，社会对老年护理员需求大增。而且，发展"为老"社会服务业，有利于农村劳动力转移，是我国向现代社会经济结构转变过程中的一个重大战略问题，关系到从根本上解决农业、农村、民生问题，而且关系到工业化、城镇化乃至整个现代化的健康发展。

（6）机器人已经登上舞台，能进行表演，但是机器人的身材、外形、面孔无法实现艺术家的表演效果，特别是戏剧中，机器人的面孔无法实现话剧、喜剧演员的表演效果。艺术是需要艺术家运用创造力去表达他们内心的个人体验，艺术有可能是美、是情感、是对身为人类的意义的真知灼见，机器人做不到这些，人类艺术家尽可以在舞台上进行有声有色的表演。

（7）尽管机器人护士在一些医院的使用效果也很不错，但是，对病人的情感支持是机械人无法轻易复制的。

（8）考古学家需要进行复杂的现场采样、验证和研究，机器人无能为力。

（9）宗教人员，机器人无法理解人类的宗教信仰。

（10）健身教练，教练应帮助来健身的顾客获取需要的健身指导，并以此获得身体的健康。健身教练的现场指导、热情鼓励和严格要求是无法被人工智能取代的。

在人工智能时代，在一切重复性、机械性的劳动不可避免地被机器所取代的时候，规划职业前得听听专家的四条建议：一是避开所有重复性、机械式的劳务工作，这类工作可以被一个软件、一套程序所轻松完成，很容易被人工智能所取代；二是提升你的数字化协作能力，知道如何借助网络这个平台来与别人一起办公；三是培养"批判式思维"，不要让自己停留在搜集和整理资料的阶段，有创新能力的工作者才不容易被时代淘汰；四是制定终身学习计划，提升职业技能。

为了使你在未来人工智能时代的社会不被失业、下岗这些烦心的事所困扰，选准职业和岗位是重要的，但更重要的是学习。应学习计算机技术、人工智能技术。人工智能技术是推进时代种种变革的中心，很有必要去了解它们的工作原理，知道它们能做什么、不能做什么。如果有条件，还应该学习机器学习技术，特别是深度学习技术。这些强大的技术会在未来很长一段时间里保持重要地位。学习硬件和软件的开发、管理和维护或许会让你失业，但下岗时，你还能继续工作。

微博士

营养师

营养师是适应社会健康的需求而产生的新职业，综合了厨师、保健师、医务、中医、心理师、营销员、管理员等职业的特点于一身。营养师不仅是食物的专家，更是营养检测、营养强化、营养评估等领域的专家，帮助人们获取健康，专心专业服务于健康。

九、走向人工智能时代

人类社会走向人工智能时代旅程中，有一个伴侣与人类同行，甚至形影不离。他就是机器人，是人类创造的机器人，与人类一起步入人工智能时代的机器人。

在人工智能时代，人类与机器相伴同行，是人类控制的机器人与人类同行。机器人可以有智慧，那是智能机器人，智能机器人的智能会不断得到发展。但是，人类是不会让机器控制自己的，控制人类的"超人"机器人是不会存在的。人类创造人工智能，发明机器人、智能机器人，人类自然会携手机器人、智能机器人，共建人类命运共同体。

1. 人类与机器相伴同行

在人工智能时代，机器人产业已进入了高速发展期，工业机器人取代大部分产业工人的工作岗位。他们在工厂车间的生产线、农场的生产现场日夜劳作。机器人走上生产岗位，不仅可以替代人工，提高生产效率，而且，在精确作业和重复作业领域，机器人有无可比拟的优势，能够极大提高工农业产品的产量和质量。

正是这样的原因，机器人为人类社会制造、生产了大量、优质、廉价的社会物质产品，使得社会物质产品极大丰富，为人类社会走向人工智能时代准备物质基础。

不仅在工农业生产现场可以看到机器人为人类社会制造、生产了大量、优质、廉价的工农业产品，还可在其他领域和部门看到机器人的身影。

在建筑工地上，智能化程度较高的建筑机器人，无需人的指令，就能自行完成建造房屋。他们能相互交流信息，以完成同一建筑项目的装配工作。这种巨型的智能建筑机器人，可将建房构件从地面提起，自行将它们安装到房屋的框架结构上。当某一项目完成后，它可自行将自己拆卸，以便运到新工地。到达新工地后，它又可自行将自己组装起来，承担新的工作。

当人类对富饶的海洋资源进行开发时，需要大力发展新兴产业。同时，新兴产业也为海洋开发配备了新型的智能深潜器和水下机器人等高端海洋装备，如宜水机器人、潜水机器人，让这些智能水下机器人去建设海洋大都市、海洋农场、海洋牧场等，让他们代替人类在海底作业，去开采锰结核和热液矿。当有大量的水上、水中和水下机器人活跃在海洋，那么海洋就会像陆地一样地兴旺发达起来。这样，海洋开发和新兴产业的发展互相促进，形成良性循环，加速了人类进入人工智能时代的进程。

当人类迈向太空，进行太空开发，诸如建设太空城，开发月球、火星、金星等天体，除了利用高科技，特别是宇航科技成就，还需要研发出一大批高水平的各种太空机器人。人们把高水平的太空机器人送上太空，让他们在月球上创造月球大气、兴建月球工厂、种植作物、开发月球上的太阳能和建造宜人居住的住宅等，让人们能在月球上工作、生活。太空机器人就这样当了太空开发的开路先锋。在需要大规模数据分析和精细作业的太空领域，机器人可以到达人类难以到达的领域，完善人类难以克服的生理和情感因素，得到仅凭人工无法达到的结果。

在人工智能时代，一批批家庭服务机器人走进了普通家庭。最早出现在住家的是小家电类机器人，如地面清洁机器人"地宝"、自动擦窗机器人"窗宝"。后来，幼儿早教类机器人、护理机器人、食品烹饪机器人和人机互动式家庭服务机器人也跟着走进了很多普通家庭。

人类社会进入人工智能时代后，机器人的大量使用，可使大部分体力劳动的工作岗位被机器人所替代。连得办公室中白领人士的许多工作，也可能被机器人取代。机器人替代人们工作，抢夺人们的饭碗，是人工智能时代的常态。其实，机器人抢夺人们的饭碗是件好事！这样，机器人把人们从体力劳动的工作岗位上解放了出来，人们就可以有更多时间进行学习，提升自身素质，有更多时间从事创造性劳动，特别是从事创造性脑力劳动！

创造性脑力劳动就是从事知识生产，几十亿人都要从事知识生产，世界上有那么多知识生产的工作岗位吗？

有！知识生产的工作岗位实际上是无限的，地球上、宇宙间有许多自然之谜需要人去探索、去破解，世界上有无限知识生产的工作岗位正等着人们去开发、去施展才华。

太空机器人

太空机器人，指一种在航天器或空间站上作业的有智能的机器人。它具有智能，有着机械臂和电脑，能实现感知、推理和决策等功能。太空机器人工作在微重力、高真空、超低温、强辐射、照明条件差的空间环境下，可以像人一样完成各种任务。最简单的太空机器人是一种由人操控的多关节机械装置，它仅起执行机构的作用，需要由人不断地操控。

2. "超人"会控制人类吗

有科学家们认为，目前的机器人还是个"小孩子"，智力水平仅相当于2—3岁的幼儿，只能干些相对简单的工作，如工业机器人只能在需要重复操作的工作岗位进行体力劳动。对于量大面广的农业机器人和服务机器人，需要变换地点，需要进行适应环境的柔性劳动。这就需要机器人有更高的智能，智能机器人就这样出现了。

要让机器人成长、成熟，提高机器人的工作能力，就要让机器人在技术上有所突破。科学家们认为，智能机器人的研发方向是，给机器人装上"大脑芯片"，从而使其智能性更强，在认知学习、自动组织、对模糊信息的综合处理等方面将会前进一大步。这样，一种"超人"机器人的设想出现了。

"超人"机器人设想是发展超人工智能的结果。

为什么要发展超人工智能？

看看超人工智能为我们做了什么就知道了。拥有了超级智能和超级智能所能创造的技术，可以解决目前世界上存在的许多问题。例如，超人工智能可以用更优的方式产生新能源，新能源不同于化石燃料，没有二氧化碳排放，而且可以再生。又如，超人工智能可以用纳米技术直接把一堆垃圾变成一堆新鲜的肉或者其他食品，然后用超级发达的交通把这些食物分配到世界各地，解决世界饥荒问题。这对于动物世界是特大利好，因为人们不需要宰杀动物来获得人类生存需要的动物肉类了。超人工智能还能拯救濒危物种，方法是

213

利用 DNA 复活已灭绝物种。超人工智能甚至可以解决复杂的社会问题，两败俱伤的贸易战不再必要。

更夺人耳目的是，超人工智能能延长人的寿命，因为衰老只是身体的组成物质用旧了。如果拥有完美的修复技术，用新的人造材料融入人体，替换用旧的、不能工作的器官，将使人的身体永远健康，甚至越活越年轻。超人工智能可以建造一个"年轻机器"，就算是逐渐糊涂的大脑也可能年轻化，超人工智能可以操纵各种原子结构来改造大脑。一个 90 岁的失忆症患者可以更换"年轻机器"，恢复记忆。这些听起来很离谱的事，超人工智能可以实现。

"超人"机器人想要超过人类，必须是全面地超越，包括体能、体力、智商和情商。机器人的体能、体力超过人，这已是不争的事实；现在正在研制的智能机器人，其目标就是接近、达到和超越人类的智商；但是想要使机器人的"情商"（包括观念、情感、道德、信仰等）超过人，目前看来似乎没有可能，因为人们对"情商"为何物，其本质是什么，还一无所知。

对于超人工智能的出现，世界上最聪明的一些人很担忧。霍金曾认为超人工智能会毁灭人类；比尔盖茨不理解为什么有人不为此担忧；特斯拉汽车的 CEO 马斯克担心人们发展超人工智能是在召唤恶魔！

为什么那么多顶级专家担心超人工智能是对人类的威胁？"超人"机器人还没有出现，人们为什么如此忧心忡忡？

原来人们非常担心人工智能不安全，担心"超人"机器人会控制人类，还会做各种意料不到的坏事，因为他们看到的是人工智能可怕的未来。

在创造超人工智能时，其实是在创造一件可能会改变所有事情的事物，只是人们对那个领域不清楚，不知道可能会发生什么。超人工智能、"超人"机器人带来的坏处是，人工智能取代人类工人，造成大量人员的下岗、失业。这并不使人害怕，因为下岗了可以再上岗，失业了可以再就业，人工智能时代多的是发展机会，东方不亮西方亮！

真正值得人们担心的是怀着恶意的人或组织，掌握着怀有恶意的超人工智能、"超人"机器人。他们研发出超人工智能，制造"超人"机器人，目的若是用来实现自己的邪恶计划，这会给人类社会带来很大麻烦，造成很大的伤害，甚至是毁灭性灾难。

其实，这种担心是没有根据的。有科学家指出，智能不是一个维度，所以"比人类更聪明"是一个毫无意义的概念。人类没有万能的头脑，人类创造的人工智能也不会有。对人类思维进行模仿是要付出成本的，超人工智能的发展将受到成本的约束。智能的维度不是无限的，智能只是促进事物进步的因素之一。

按照这样的观点，既然对超人工智能的预期是基于没有证据基础的假设，那么这种超人工智能、"超人"机器人想法就更类似于一个宗教信仰、一个神话。

回顾人类科技史，有多少美好的科技成果，最终被人类用于战争厮杀，谁敢断言人工智能就是另案、是例外？但是，人类科技史也表明，有多少"险恶"的科技创新，都被人类的聪明才智牢牢掌控，人工智能不一定会是例外。

虽然，把超人工智能、"超人"机器人想法视为类似于宗教信仰、神话的观点也是一家之说，但是人们不会不想到：既然超人工智能是人类想创造的、"超人"机器人是人类想发明的，难道人类就不能在创造超人工智能，在设计、制造"超人"机器人时，便设法防止人工智能、"超人"机器人做坏事吗？

人工智能、"超人"机器人，绝不会是人类"最后的创造发明"，但愿超人工智能是人类"最好的创造"，"超人"机器人是人类"最好的发明"！

微博士
"超人"机器人

"超人"机器人是人们设想的、装有"大脑芯片"的智能机器人，与普通智能机器人相比，其智能性更强，在认知学习、自动组织、对模糊信息的综合处理等方面将会前进一大步。所以，人们担忧"超人"机器人这种智能机器人在智能上超越人类，会控制人类，对人类造成威胁。不少科学家认为，这类担心是完全没有必要的。就智能而言，目前机器人的智商相当于2—3岁幼儿的智商，而机器人的"常识"和"情商"比起正常成年人就差得更远了。再说，"超人"机器人是人类发明的，在设计、制造"超人"机器人时，就可以设法防止"超人"机器人做坏事。这些说法在未来可能是正确的，但目前还没有证据支持

215

这些说法。

3. 共建人类命运共同体

人类只有一个地球，各国共处一个世界。各个国家在追求本国利益时，要兼顾他国合理关切，在谋求本国发展中促进各国共同发展，共建人类命运共同体。这是我国领导人提出的关于人类社会的新理念，我国还把"推动构建人类命运共同体"写进了《中华人民共和国宪法》序言。

未来世界的人类将进入人工智能时代，在构建人类命运共同体的进程中，人工智能技术和机器人将起到助推作用。

人类命运共同体这一全球价值观包含相互依存的国际权力观、共同利益观、可持续发展观和全球治理观。

不同国家和国家集团之间为争夺国际权力曾经发生数不清的战争与冲突。在人工智能时代，人工智能技术的发展、人工智能融合浪潮会促进经济全球化深入发展，加速资本、技术、信息、人员的跨国跨地区流动，国家之间处于一种相互依存的状态，一国经济目标能否实现与别国的经济波动有重大关联，国家之间在经济上的相互依存有助于国际形势的缓和，各国可以通过国际体系和机制来维持、规范相互依存的关系，从而维护共同利益。

人工智能技术、互联网技术的发展，促进经济全球化进程，这促使人们对国家利益观进行思考，国际社会的利益关系不再是一种排他关系。人工智能技术、互联网把各国空前紧密地连在一起，使得人类生活在共同的"地球村"中，各国公民同时也是地球村公民。全球的利益同时也就是自己的利益，一个国家采取有利于全球利益的举措，也就同时服务了自身利益。当今人类社会面对越来越多的全球性问题，任何国家都不可能独善其身，任何国家要想自己发展，必须让别人发展。

工业革命以后，人类开发和利用自然资源的能力得到了极大提高，但接踵而至的环境污染和极端事故也给人类造成巨大灾难。解决环境污染，进行可持续发展成为国际社会的共识。而人工智能技术可以帮助人类解决环境污染问题，消除环境污染、绿化沙漠、控制生态平衡、缓解自然灾害等需要高新技术，需要有大量的能源和劳动力。人工智能技术的发展将提供高新技术，提供新能源，提供建设美丽地球所需的劳动力——机器人。机器人是建设智慧地球的主力军。

由于经济全球化导致的国际行为主体多元化，全球性问题的解决成为一个由政府、政府间组织、非政府组织、跨国公司等共同参与和互动的过程。这一过程的重要途径是强化国际规范和国际机制，以形成一个具有机制约束力和道德规范力的、能够解决全球问题的"全球机制"。在形成"全球机制"的过程中，人工智能技术也可以发挥独特作用。

相互依存的国际权力观、共同利益观、可持续发展观和全球治理观，为建设人类命运共同体提供了基本的价值观基础。人工智能就这样为共建人类命运共同体出力，实现人类命运共同体这一全球价值观。

从寿命、健康、财富以及对教育信息和娱乐服务的获取等诸多方面来看，生活在人工智能时代的这一代人是幸运的，因为他们生活在人类的最佳时代，也是最精彩的时代。但是，生活在这一代的人肩负重任，他们要为这个精彩的时代添砖加瓦，要为共建人类命运共同体贡献自己的聪明才智，任重道远！为了让世界更美好，让生活更精彩，我们共同努力吧！

微博士

人类命运共同体

人类命运共同体是我国领导人提出的关于人类社会的新理念，人类命运共同体这一全球价值观包含相互依存的国际权力观、共同利益观、可持续发展观和全球治理观。命运共同体是我国政府反复强调的关于人类社会的新理念。2011年《中国的和平发展》白皮书提出，要以"命运共同体"的新视角，寻求人类共同利益和共同价值的新内涵。2018年3月11日，第十三届全国人民代表大会第一次会议通过的宪法修正案，把"推动构建人类命运共同体"写进了《中华人民共和国宪法》序言。